# 服装与服饰设计专业

## 中高职贯通人才培养方案与课程标准

徐雅琴 方闻 主编

东华大学 出版社·上海

# 目录 | CONTENTS

# 服装与服饰设计专业中高职贯通人才培养方案

## 1 专业名称（专业代码）

服装与服饰设计（550105）

## 2 入学要求

初中毕业生或具有同等学历者。

## 3 基本学制

5年（3年中职+2年高职）。

## 4 培养目标

本专业培养与我国社会主义现代化建设要求相适应，德、智、体、美、劳全面发展，具有良好文化修养和职业道德的人才。本专业主要面向服装行业企业，培养具有创新精神和较强实践能力，具有一定的分析和解决问题能力，具备服装与服饰款式设计、结构设计及制作工艺的专业技能，能够了解服装与服饰行业的发展动态、适应现代化服装与服饰生产需求的高素质应用技能型人才。

## 5 职业范围

表5-1 职业范围

| 序号 | 对应职业（岗位） | 相关证书举例 | | 职业领域 |
|---|---|---|---|---|
| | | 特有工种行业认证 | 国家职业标准（人社部） | |
| 1 | 服装设计师 | 服装制板师（中级）<br>服装跟单师（中级）<br>色彩搭配师（三级）<br>服装陈列师（助理） | 服装设计定制工（中级）<br>服装制板师（中级） | 服装设计 |
| 2 | 服装制板师 | | | 服装制板 |
| 3 | 服装工艺师 | | | 服装工艺 |
| 4 | 服装营销师 | | | 服装营销 |
| 5 | 服饰陈列师 | | | 服装营销 |
| 6 | 外贸跟单员 | | | 服装管理 |
| 7 | 形象设计师 | | | 服装设计 |
| 8 | 时尚杂志（服装编辑） | | | 服装设计 |

## 6 人才规格

本专业毕业生应具有以下职业素养（职业道德和产业文化素养）、专业知识和技能。

### 6.1 职业素养

（1）遵守国家的法律法规，具有良好的职业道德和行为规范，热爱本职岗位。

（2）具备敬业、创业精神和社会责任感，诚实守信、爱岗敬业、保守秘密。

（3）具备健康的心理素质，吃苦耐劳、不怕困难、乐于奉献、积极进取、勇于创新。

（4）具备不断学习新知识、新技能、新工艺、新方法的意识和能力。

（5）具备良好的沟通和人际交往能力，团结协作，服从大局。

（6）具备继续学习和适应职业变化的能力。

（7）遵守安全操作规程和职业技能规范，注重安全文明生产，树立节能环保意识。

## 6.2 专业知识和技能

### 6.2.1 综合基本知识和技能

（1）掌握本专业和职业发展所必须的文化科学基础知识。

（2）熟悉服装与服饰设计造型美学的基础知识，掌握服装与服饰设计的基本原理和方法。

（3）理解服装结构设计的基本原理，掌握服装结构设计的基本方法。

（4）熟悉服装常用设备的基本性能和使用方法。

（5）掌握服装缝制工艺的基本要求和操作步骤。

（6）了解服装工业化生产的程序、方法和要求。

（7）具备服装工艺单的阅读理解能力，并能进行简单款式服装的工艺单制作。

（8）熟悉服装电脑辅助设计软件的特点和使用方法。

（9）掌握服装营销的基本知识和主要技能。

### 6.2.2 不同职业领域的知识和技能

**职业领域 1—服装设计**

（1）能根据服装设计图稿或实物款式的设计要求，合理选用和计算出服装面辅材料。

（2）能根据消费者个性特征，对服装款式造型进行一般设计和服装色彩搭配。

（3）能较为准确地绘制服装效果图和款式图。

（4）能运用电脑辅助设计软件表达服装与服饰的材料质感、肌理效果。

**职业领域 2—服装制板**

（1）能根据消费者需求和服装款式特征制定服装规格尺寸。

（2）能进行标准体型的服装结构纸样设计，并能制作服装成套样板。

（3）能根据设计要求或设计图稿进行服装立体造型，并能进行平面纸样的检验与修正。

（4）能独立完成服装排料、裁剪。

（5）能根据设计图稿或手工纸样要求进行服装 CAD 板型制作与推档。

**职业领域 3—服装工艺**

（1）能独立完成服装样衣缝制，能对服装进行试样、补正并检验。

（2）能完成服装流水线的各道工序的操作程序。

（3）能完成简单款式服装的工艺流程设计。

**职业领域 4—服装营销**

（1）能及时掌握服装流行趋势的变化和参与市场专题调研。

（2）能协助设计师对所设计的服装款式进行可行性解析与评判。

（3）能根据需要进行服装卖场成品陈列展示，并掌握服装终端管理的内容和要求。

（4）掌握一定的服装消费心理基础知识和实用技能，能针对不同顾客进行服装整体搭配。

**职业领域 5—服装管理**

（1）能较为准确地制作简单款式的服装工艺单。

（2）能对服装成品与半成品进行质量检测。

（3）能分析一般服装质量弊病产生的原因，并提出修正意见。

（4）能编写常见服装缝制工艺和质量要求等文件。

（5）能依据工艺文件对生产过程进行管理，基本具备大货产品质量控制与调整能力。

（6）能了解外贸单证的基础知识，熟悉服装跟单的流程。

## 7 主要接续专业

表 7-1 主要接续专业

| | 专业代码 | 专业名称 |
|---|---|---|
| **本科** | 081602 | 服装设计与工程 |
| | 081604T | 服装设计与工艺教育 |
| | 130505 | 服装与服饰设计 |

## 8 课程内容组成

本专业课程内容组成见图 8-1。

其中专业技能课包括专业基础课、专业核心课及专业（技能）方向课。专业基础课和专业核心课针对职业岗位（群）共同具有的工作任务和职业能力，是不同专业（技能）方向课必备的共同专业基础知识和基本技能。各专业（技能）方向课的学时数相当，教学中学生至少要选择一门专业（技能）方向的课程学习。校内实训、校外生产见习（工学结合）、综合实训和顶岗实习等多种实训实习形式，均属专业技能课。

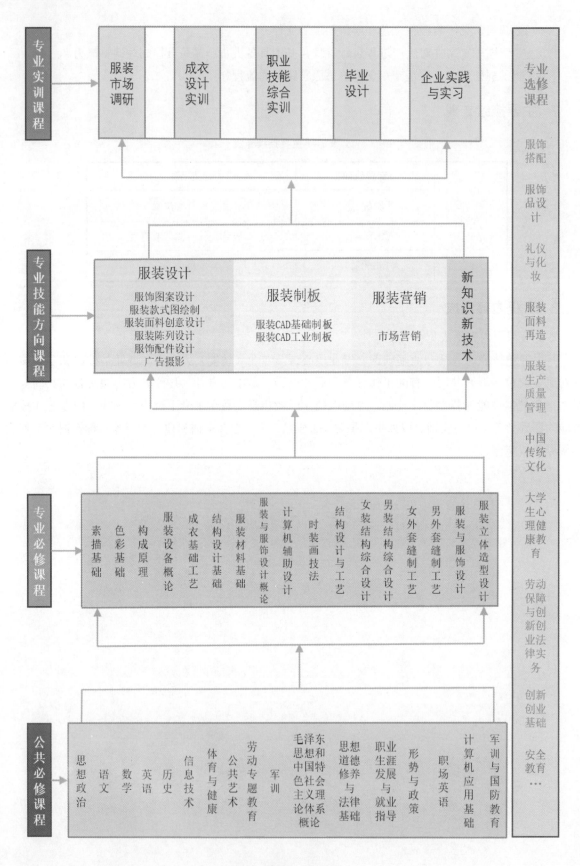

图 8-1 课程内容组成图

## 9 课程设置及要求

本专业课程设置分为公共基础课和专业技能课。

公共基础课包括德育课、文化课、体育与健康、艺术（音乐或美术）以及其他自然科学和人文科学类基础课。

专业技能课包括专业基础课、专业核心课和专业（技能）方向课。实习实训是专业技能课教学的重要内容，含校内、外实训及顶岗实习等多种形式。

### 9.1 公共基础课

表 9-1 公共基础课课程安排

| 序号 | 课程名称 | 主要教学内容和要求 | 参考学时 |
|---|---|---|---|
| 1 | 思想政治 | 依据"中等职业学校思想政治"课程标准开设，中职思想政治学科核心素养包括政治认同、法治意识、公共参与、职业精神、健全人格等。课程由基础模块和拓展模块两部分构成。基础模块为各专业学生的必修课程，包括中国特色社会主义、心理健康与职业生涯、哲学与人生、职业道德与法治四个部分内容。拓展模块为选修课程，是必修课程的拓展和补充，由学生选择修习，主要包括时事政策教育、法律与职业教育、国家安全教育等。 | 136 |
| 2 | 语文 | 依据"中等职业学校语文"课程标准开设，包括语言理解与运用、思维发展与提升、审美发现与鉴赏、文化传承与参与等，在核心素养内涵与主要表现上进一步凸显了职业教育特色。课程由基础模块、职业模块和拓展模块三部分构成。基础模块为学生必修的基础性内容，有实用性阅读与交流等8个专题构成；职业模块为提高学生职业素养而安排的限定选修内容；拓展模块为满足学生继续学习与个性发展而需要的自主选修内容，由古代科技著作选读等3个专题构成。 | 304 |
| 3 | 数学 | 依据"中等职业学校数学"课程标准开设，围绕函数、几何与代数、概率与统计三条主线设置课程内容。它既注重强化中职学生的公共数学基础，又关注中高职数学知识的衔接，同时注重中职教育数学学科的核心知识体系。三条主线贯穿于基础模块和拓展模块一。拓展模块二中设置了7个专题和若干数学案例，课程内容凸显与专业课内容的联系和配合。 | 240 |
| 4 | 英语 | 依据"中等职业学校英语"课程标准开设，课程由基础模块和拓展模块组成。基础模块是各专业学生必修的基础性内容，包括主题、语言类型、语言知识、文化知识、语言技能、语言策略6个部分，通过学习后能掌握语言基础知识和发展基本技能。拓展模块是满足学生继续学习和个性发展需要而设置的任意选修内容。 | 304 |
| 5 | 历史 | 依据"中等职业学校历史"课程标准开设，包括唯物史观、时空史观、史料解释、家国情怀等。课程由基础模块和拓展模块两部分组成。基础模块为学生必修的基础性内容，包括中国历史、世界历史。拓展模块是为满足学生职业发展需要、开拓视野、提升学生学习兴趣而设置的供学生选修内容，提供了职业教育与社会发展、历史上著名工匠两个示例模块。 | 70 |
| 6 | 信息技术基础 | 依据"中等职业学校信息技术基础"课程标准开设，注重培养学生掌握计算机应用基础知识，提高学生计算机基本操作、办公应用、网络应用、多媒体技术应用等方面的技能，使学生能够根据职业需求运用计算机，体验利用计算机技术获取信息、处理信息、分析信息、发布信息的过程，培养学生利用计算机解决本专业中的学习、工作、生活中常见问题等应用能力。 | 105 |

表 9-1（续）

| 序号 | 课程名称 | 主要教学内容和要求 | 参考学时 |
|---|---|---|---|
| 7 | 体育与健康 | 依据"中等职业学校体育与健康"课程标准开设，注重培养学生提高以耐力、力量和速度为主的体能素质水平，不断提高运动能力。懂得营养、环境和生活方式对身体健康的影响，逐步养成健康向上的良好生活方式，具有改善与保护身体健康的意识等应用能力。 | 200 |
| 8 | 公共艺术 | 依据"中等职业学校公共课教学指导纲要"开设，以学生参与艺术学习、赏析艺术作品、实践艺术活动为主要方法和手段，融合多种艺术门类和专业艺术特色的综合性课程。通过艺术作品赏析和艺术实践活动，使学生了解或掌握不同艺术门类的基本知识、技能和原理，引导学生树立正确的世界观、人生观和价值观，增强文化自觉与文化自信，丰富学生人文素养与精神世界，培养学生艺术欣赏能力，提高学生文化品位和审美素质。 | 17 |
| 9 | 军训（1） | 依据"中等职业学校军训"课程标准开设，注重培养学生提高思想政治觉悟，激发爱国热情，增强国防观念和国家安全意识。进行爱国主义、集体主义和革命英雄主义教育，增强学生的组织纪律观念，培养艰苦奋斗的作风，提高学生的综合素质。使学生在军事训练过程中掌握基本军事知识和技能。 | 50 |
| 10 | 劳动专题教育 | 依据"中等职业学校劳动专题教育"课程标准开设，内容包括日常生活劳动、生产劳动和服务性劳动中的知识、技能与价值观。日常生活劳动教育立足个人生活事务处理，结合开展新时代校园爱国卫生运动，注重生活能力和良好卫生习惯培养，树立自立自强意识。生产劳动教育要让学生在工农业生产过程中直接经历物质财富的创造过程，体验从简单劳动、原始劳动向复杂劳动与创造性劳动的发展过程，学会使用工具，掌握相关技术，感受劳动创造价值，增强产品质量意识，体会平凡劳动中的伟大。服务性劳动教育让学生利用知识、技能等为他人和社会提供服务，在服务性岗位上见习实习、树立服务意识、实践服务技能，在公益劳动、志愿服务中强化社会责任感。 | 16 |
| 11 | 基础英语(1) | 依据"高等职业学校基础英语（1）"课程标准开设，注重培养学生提高英语基础知识和基本技能，具有一定的英语综合应用能力，即听、说、读、写、译的能力，为进一步提高英语水平打下基础。 | 60 |
| 12 | 基础英语(2) | 依据"高等职业学校基础英语（2）"课程标准开设，注重培养学生提高英语基础知识和基本技能，具有一定的英语综合应用能力，为进一步提高英语水平打下基础。通过学习，学生应能够具备通过高等学校应用能力考试B级的水平。 | 68 |
| 13 | 职场英语 | 依据"高等职业学校职场英语"课程标准开设，注重培养学生提高英语综合应用的技能，结合职业需求，选择教学内容，为学生以后就业打下基础。 | 51 |
| 14 | 毛泽东思想和中国特色社会主义理论体系概论 | 依据"高等职业学校毛泽东思想和中国特色社会主义理论体系概论"课程标准开设，注重培养和帮助学生系统掌握毛泽东思想和中国特色社会主义理论体系的基本原理及其对当代中国发展的重大意义，正确认识中国特色社会主义建设的发展规律，认识党的民族政策和宗教政策，坚定在中国共产党的领导下走中国特色社会主义道路的理想信念，增强在党的领导下全面建设小康社会，加快推进社会主义现代化进程的自觉性和坚定性。 | 34 |

表9-1（续）

| 序号 | 课程名称 | 主要教学内容和要求 | 参考学时 |
|---|---|---|---|
| 15 | 思想道德修养与法律基础 | 依据"高等职业学校思想道德修养与法律基础"课程标准开设，注重培养学生坚持以邓小平理论、"三个代表"重要思想为指导，深入贯彻落实科学发展观。适应大学生活，确立正确的世界观、人生观和价值观；学会身心调适，增进心理健康，正确认识自我，充分了解社会，树立正确的择业观；加强职业道德修养，做社会主义现代化建设的栋梁，尽快融入社会，在实践中锻炼成长。 | 30 |
| 16 | 形势与政策 | 依据"高等职业学校形势与政策"课程标准开设，注重培养学生学习关于形势与政策的相关理论知识，同时结合时事，剖析案例。深入学习实践科学发展观、社会主义核心价值体系、大学生就业与构建和谐社会、加强党的建设以及国际金融危机与国际热点问题等内容，概述和分析当前国际国内形势以及党中央和国家政策，既要涵盖近年来的国内外重大事件，又要突出社会的热点、难点和焦点问题，具有较强的理论性、时效性、针对性。 | 17 |
| 17 | 计算机应用基础（1） | 依据"高等职业学校计算机应用基础（1）"课程标准开设，注重培养学生计算机基本操作能力与实际应用能力。使学生掌握计算机的基本知识和技能，能够将计算机操作能力应用于工作和生活中，并作为学习其他专业课程的有力工具。通过学习，了解计算机系统硬件、软件、网络信息与信息安全的基本知识，提高利用计算机进行综合信息处理的能力。 | 45 |
| 18 | 计算机应用基础（2） | 依据"高等职业学校计算机应用基础（2）"课程标准开设，注重培养学生计算机基本操作能力与实际应用能力。使学生掌握计算机的基本知识和技能，能够将计算机操作能力应用于工作和生活中，并作为学习其他专业课程的有力工具。通过学习，了解Windows操作系统的使用方法，掌握Office办公软件的应用，为学习后续课程及计算机在本专业中的应用奠定基础。 | 51 |
| 19 | 体育（1） | 依据"高等职业学校体育"课程标准开设，注重培养学生提高以耐力、力量和速度为主的体能素质水平，不断提高运动能力。懂得营养、环境和生活方式对身体健康的影响，逐步养成健康向上的良好生活方式，具有改善与保护身体健康的意识等应用能力。 | 30 |
| 20 | 体育（2） | | 34 |
| 21 | 职业生涯发展与就业指导 | 依据"高等职业学校职业生涯发展与就业指导"课程标准开设，注重培养学生既要强调职业在人生发展中的重要地位，又要关注自身的全面发展和终身发展。通过激发大学生职业生涯发展的自主意识，树立正确的就业观，促使大学生理性地规划自身未来的发展，并努力在学习过程中自觉地提高就业能力和职业生涯管理能力。 | 32 |
| 22 | 军训与国防教育 | 依据"高等职业学校军训与国防教育"课程标准开设，注重培养学生提高思想政治觉悟，激发爱国热情，增强国防观念和国家安全意识。进行爱国主义、集体主义和革命英雄主义教育，增强学生的组织纪律观念，培养艰苦奋斗的作风，提高学生的综合素质。使学生在军训训练过程中掌握基本军事知识和技能。 | 84 |

## 9.2 专业技能课

### 9.2.1 专业基础课

表 9-2 专业基础课课程安排

| 序号 | 课程名称 | 主要教学内容和要求 | 参考学时 |
|---|---|---|---|
| 1 | 素描基础 | 理解和认识素描的基本知识，掌握基本的透视和构图原理，掌握明暗和虚实关系的运用，掌握静物与人物的写生和临摹技巧等，培养学生的整体观察意识及绘制实践过程体验，注重培养学生的平面布局和造型、空间思维的锻炼。 | 51 |
| 2 | 色彩基础 | 通过学习色彩的基础知识、构成原理等，掌握基本配色方法，了解色彩体系、色彩对比、色彩协调等，结合不同内容的色彩训练，掌握必要的用色造型技巧，培养审美意识和创造性思维方式。 | 54 |
| 3 | 成衣工艺基础 | 了解服装企业概况、生产流程、服装生产方式和服装专业术语名称含义，了解大类产品技术标准，掌握成衣流水线岗位分类和服装工序划分原理，能理解一般服装部件、简易成品组合的顺序与要求。会操作服装常用工艺设备，结合趣味手工和机缝工艺制作成品。 | 105 |
| 4 | 结构设计基础 | 了解服装结构制图的基础知识、国家标准、结构制图的原理与方法，了解服装结构制图的步骤、服装各部位的组合关系和变化规律。通过实践使学生提高结构制图的技能和解决实际问题的能力。 | 70 |
| 5 | 服装设备概论 | 了解服装设备的基本使用方法、维修方法。通过对服装设备的亲自操作实践，具备服装设备的操作能力。 | 18 |
| 6 | 构成原理 | 掌握平面和立体艺术设计中的形式美法则、布局、色彩运用等基本知识与方法，具备平面、色彩、空间及立体形态等单项或综合设计的基本技能，增强艺术设计的创造性思维能力。 | 51 |
| 7 | 服装材料基础 | 了解服装面辅料的种类和基本特性。了解各类面料的基本组织结构、服用性能与主要用途。了解不同材料的服装的洗涤要点、除渍方法和保管要点。理解服装材料与服装款式设计、结构设计、制作工艺的关系。掌握鉴别常用面料与辅料的类别、基本组织结构、材料成份等的方法。能具备合理选择、使用各类服装材料的能力。通过趣味课程模式，学会常用服装材料正反面、经纬向的识别方法。 | 34 |
| 8 | 服装与服饰设计概论 | 本课程采用以理论授课为主的教学方法，使学生了解服装与服饰品设计的基本概念、基本原理和方法，掌握服装与服饰品的设计技能，培养学生的服饰设计开发能力。 | 17 |
| 9 | 计算机辅助设计（1） | 了解矢量绘图软件 CorelDraw 及位图处理软件 Photoshop 的基本知识，掌握运用计算机辅助设计软件进行服装成衣款式、效果图设计的方法。能够具备运用 CorelDraw 软件绘制平面款式图，运用 Photoshop 软件进行图形处理的能力。会根据自己的创意、构思，利用计算机辅助设计软件来完成服装成衣设计等工作，达到服装相关岗位工作要求。 | 107 |
| 10 | 计算机辅助设计（2） | 通过教师的案例演示，学生的自主、合作、探究学习，使学生掌握运用计算机实现不同类型的效果图表现。注重基础知识的学习和基本技能的训练，以项目为导向，在教学中注重设计与创新的对接，强化学生设计的创新能力。 | 45 |

表 9-2（续）

| 序号 | 课程名称 | 主要教学内容和要求 | 参考学时 |
|---|---|---|---|
| 11 | 时装画技法（1） | 通过本课程的学习，让学生深入了解时装画人体的绘制方法，了解彩铅、水彩、水粉、马克笔等不同工具的基本使用方法及其灵活运用。基于时装画的功能性与服装产业的需求，使学生了解各种不同时装面料（包括牛仔、丝绸、绒妮、格纹等常用面料）以及各种常用的面料图案（如典型的中国传统图案——云纹、卷草纹、如意纹、牡丹等）的表现方法。此外，不同类型服装的表现效果可以用不同的绘制工具、技法及风格来进行区分表现。注意在教学中融入服装款式设计的教学内容。 | 115 |
| 12 | 时装画技法（2） | 通过教师的讲解、演示，学生的理解、模仿、探究学习，让学生掌握不同类型的服装效果图的绘制方法，注重基础知识的运用和技能的训练以及对资料的分析，以项目为导向，在教学中注重模仿与创作的对接，强化学生款式设计的创新能力。 | 30 |

### 9.2.2 专业核心课

表 9-3 专业核心课课程安排

| 序号 | 课程名称 | 主要教学内容和要求 | 参考学时 |
|---|---|---|---|
| 1 | 结构设计与工艺（1） | 了解裙装结构设计与工艺制作的基本原理及操作方法，掌握合体型裙与非合体型裙的结构构成方法，能绘制基本型与变化型裙的结构图，并能掌握基本型裙的样板制作、排料与裁剪、工艺缝制的操作方法及技巧。 | 119 |
| 2 | 结构设计与工艺（2） | 了解裤装结构设计与工艺制作的基本原理及操作方法，掌握合体型裤与非合体型裤的结构构成方法，能绘制基本型与变化型裤的结构图，并能掌握基本型裤的样板制作、排料与裁剪、工艺缝制的操作方法及技巧。 | 119 |
| 3 | 结构设计与工艺（3） | 了解衬衫结构设计与工艺制作的基本原理及操作方法，掌握女衬衫与男衬衫的结构构成方法，能绘制基本型与变化型衬衫的结构图，并能掌握基本型男和女衬衫的样板制作、排料与裁剪、工艺缝制的操作方法及技巧。 | 126 |
| 4 | 结构设计与工艺（4） | 了解女外套（单）结构设计与工艺制作的基本原理及操作方法，掌握女外套（单）的结构构成方法，能绘制基本型与变化型女外套（单）的结构图，并能掌握基本型女外套（单）的样板制作、排料与裁剪、工艺缝制的操作方法及技巧。 | 126 |
| 5 | 女装结构综合设计 | 了解女装结构设计的基本原理和构成方法，学会女装衣身、衣领、衣袖及附件的结构图绘制，并能在此基础上灵活运用所学方法进行女装整体结构设计。 | 45 |
| 6 | 男装结构综合设计 | 了解男装结构设计的基本原理和构成方法，学会男衬衫、夹克衫、男西服及男大衣的结构图绘制，并能在此基础上灵活运用所学方法进行变化型男装结构设计。 | 34 |
| 7 | 女外套缝制工艺 | 了解女外套（夹）结构设计与工艺制作的基本原理与操作方法，掌握女外套（夹）的结构构成方法，能绘制基本型与变化型女外套（夹）的结构图，并能掌握基本型女外套（夹）的样板制作、排料与裁剪、工艺缝制的操作方法及技巧。 | 60 |

表 9-3（续）

| 序号 | 课程名称 | 主要教学内容和要求 | 参考学时 |
|---|---|---|---|
| 8 | 男外套缝制工艺 | 了解男外套（夹）结构设计与工艺制作的基本原理及操作方法，掌握男外套（夹）的结构构成方法，能绘制基本型与变化型男外套（夹）的结构图，并能掌握基本型男外套（夹）的样板制作、排料与裁剪、工艺缝制的操作方法及技巧。 | 68 |
| 9 | 服装与服饰设计（1） | 通过对服装与服饰品配件的设计制作、设计方法、设计原理、设计色彩等知识的学习，以及对一些优秀服装与服饰品配件案例的介绍，提高学生审美鉴赏能力，使学生具备基本的服装与服饰设计能力。 | 54 |
| 10 | 服装与服饰设计（2） | | 84 |
| 11 | 服装与服饰设计（3） | 通过教师的案例分析，学生的自主、合作、探究学习，使学生掌握不同类型的服装与服饰设计方法。注重基础知识的运用和技能的训练及对市场和流行信息的分析，以项目为导向，在教学中注重设计与实训的对接，强化学生设计的创新能力。 | 30 |
| 12 | 服装与服饰设计（4） | | 34 |
| 13 | 服装立体造型设计（1） | 本课程采用以理论与实践教学相结合为主的教学方法，通过教师的讲解与案例演示、学生的自主思考与亲身实践，使学生系统掌握立体造型设计的原理及方法，掌握各类基本型和变化型上装与裙装款式的立体造型设计方法，注重培养专业知识和专业技能的应用能力、平面结构和立体造型的转化能力，提高造型设计的综合能力及款式设计的创新能力。 | 128 |
| 14 | 服装立体造型设计（2） | | 51 |

## 9.2.3 专业技能方向课

表 9-4 专业技能方向课课程安排

| 序号 | 专业技能方向 | 课程名称 | 主要教学内容和要求 | 参考学时 |
|---|---|---|---|---|
| 1 | 服装设计 | 服饰图案设计 | 了解服饰图案的类别和基本纹样，掌握服饰设计图案的绘制方法和设计要点，学会服饰图案设计的基本操作方法。 | 32 |
| | | 服装款式图绘制 | 了解现代服装款式图对服装设计的重要作用以及效果图的概念与理论知识。进一步了解人体和服装的关系。掌握服装款式图的表现方法和技术，能以多样性的手法表现较写实的服装款式以及表现服装与饰物的质感，欣赏夸张型的美感。学会运用所学的基本技能进行服装款式图的绘制。 | 102 |
| | | 服装面料创意设计 | 在服装设计领域内，寻求创新的思维设计观和多角度地探讨新的面料设计的表达方式，从而达到服装面料创意设计的目的。让学生对面料设计的思考更富有创造力和想象力，并将面料设计的创意要素融入服装设计中。 | 34 |

表 9-4（续）

| 序号 | 专业技能方向 | 课程名称 | 主要教学内容和要求 | 参考学时 |
|------|------------|---------|------------------|---------|
| | | 服饰配件设计 | 通过理论教学、实践操作和创作设计，使学生掌握服饰配件设计的理论知识，具有服饰配件设计的创作和制作工艺能力。通过课堂作业和课外练习，运用所学的制作工艺，设计出具有新意的、能与现代服装相配套的服饰品。 | 34 |
| | | 广告摄影 | 本课程以多媒体教学，给予学生更加直观的视觉感受。带动学生运用所学专业知识进行社会实践，在实践中增长摄影经验，并查漏补缺。 | 34 |
| 2 | 服装制板 | 服装 CAD 制板基础 | 了解服装 CAD 的基础知识，掌握服装 CAD 的基本理论，了解 CAD 软件的基本操作方法。掌握一种 CAD 软件的工具操作。 | 54 |
| | | 服装 CAD 工业制板 | 了解服装 CAD 在服装设计和生产中的作用，掌握服装 CAD 的基本理论。了解主流 CAD 软件，掌握两种 CAD 软件的工具操作。掌握服装 CAD 变化板型制作、推档技术和排料工艺。掌握绘图仪、数字化仪的使用方法。掌握资料备份、保存、编码、检索和存取的方法。 | 68 |
| 3 | 服装营销 | 服装市场营销 | 了解市场营销的基本原理，市场运作特点和市场营销观念。掌握服装市场营销的营销环境及市场细分与定位。掌握服装消费者的消费购买行为与购买特点。学会服装市场调查与分析方法，熟悉促销策略、营销渠道策略。 | 48 |
| | | 服装陈列设计 | 了解服饰陈列的相关概念、特点和发展历程。掌握陈列空间规划、服装搭配、色彩搭配、橱窗专题设计、陈列氛围营造、陈列管理、促销手段等相关知识和技能，具备陈列设计能力、视觉营销能力。分析产品特点，设计服饰陈列策略和技巧，学会陈列构成元素的组合方法。 | 34 |

## 9.2.4 专业选修课

表 9-5 专业选修课课程安排

| 序号 | 课程名称 | 主要教学内容和要求 | 参考学时 |
|------|---------|------------------|---------|
| 1 | 服饰搭配 | 了解服饰搭配的基本概念及搭配法则等基础知识；掌握根据场合来选择合适的服饰的能力；会通过服饰搭配突出身材优点以及修正、掩饰身材的不足。 | 16 |
| 2 | 服饰品设计 | 通过学习服饰品的文化内涵和设计要素，提高学生的审美和鉴赏能力，使学生掌握各类服饰品的设计和制作手法，具备服饰品的设计和实际动手能力，以应对服装个性化、多样化、时尚化的发展要求。 | 36 |
| 3 | 化妆与礼仪 | 了解商务礼仪的基本概念及相关注意点和禁忌；能熟练地根据不同场合选择适宜妆容及服饰；能合理规范自我要求及行为，规范自我的言谈举止，提高个人魅力；理解导购员的工作职责、应考虑的因素及销售技巧，学会巧妙地推销产品；培养学生和客户沟通的能力及团队合作的意识。 | 28 |

表 9-5（续）

| 序号 | 课程名称 | 主要教学内容和要求 | 参考学时 |
|---|---|---|---|
| 4 | 服装面料再造 | 了解面料再造的基本概念、常用材料、构思过程、表现手法及其在服装设计中的应用。掌握1～2种服装面料再造的造型手段，学会传统手工艺和现代设计的具体表现手法。 | 18 |
| 5 | 服装生产质量管理 | 了解服装生产质量管理的基本要求与方法，熟悉服装半成品及成品质量的检验内容并掌握其方法和要求，具备检验分析服装产品质量的能力，学会制作服装生产工艺单。 | 16 |
| 6 | 大学生心理健康教育 | 注重培养学生了解自身的心理发展特点和规律，了解心理健康的标准，学习和掌握心理调节的方法，解决成长过程中遇到的各种心理问题，增强自我教育能力。培养学生乐观积极的个性心理品质，促进学生人格的健全发展。提升心理素质，开发个体潜能，促进学生身心健康、全面发展等在本专业中的应用能力。 | 16 |
| 7 | 中国传统文化 | 了解、继承和弘扬中国传统文化。了解中国传统文化具有鲜明的整体性，了解各种文化形式之间相互贯通、相互影响。要求学生在较全面地了解中华文化各个门类形式的基础上，对其总体特征与精髓获得较为深入的理解。 | 16 |
| 8 | 创新创业基础 | 了解如何形成创业的设想，学习市场调研的方法，熟悉创业经营方案的设计。同时要了解创业必须具备的人际关系的协调能力、开拓创新的能力以及组织管理的能力，将创业与自己的职业生涯联系起来，学会做出合理的规划。 | 16 |
| 9 | 劳动保障与创新创业法律实务 | 了解劳动合同的签订内容及劳动争议处理途径，学习创业与法律的关系，熟悉企业创办、经营、扩张及终止的法律实务。同时要了解创业中常见法律纠纷的处理方法。熟悉国家相关政策法规。为未来走向社会就业打下良好的基础。 | 16 |
| 10 | 安全教育 | 了解安全形势和安全教育的意义，了解本课程由治安、消防、交通安全等内容构成。治安安全教育包括了解防盗、防诈骗、防抢劫等；消防安全教育包括了解火灾发生的原因、预防、报警方法及火灾中逃生及自救和互救等；交通安全教育包括了解交通安全法规及安全常识，道路交通事故的原因及预防要点等。旨在提高大学生的自我防范、自我保护的能力，自觉遵纪守法，预防犯罪。 | 28 |

## 9.2.5 专业实训课

表 9-6 专业实训课课程安排

| 序号 | 课程名称 | 主要教学内容和要求 | 参考学时 |
|---|---|---|---|
| 1 | 服装市场调研 | 了解服装市场调研的意义、作用、内容及对象，明确服装市场调研的类型，掌握服装市场调研的基本要求，运用服装市场调研的方法，选取具体的服装市场，深入调研，写出基本符合要求的服装市场调研报告。 | 31（1周） |
| 2 | 成衣设计实训（1） | 通过教师的案例分析，学生自主、合作、探究学习，使学生掌握不同类型的成衣设计方法，注重基础知识的运用和技能的训练及对市场和流行信息的分析，以项目为导向，在教学中注重设计与实训的对接，强化学生综合设计的创新能力。 | 34 |

表 9-6（续）

| 序号 | 课程名称 | 主要教学内容和要求 | 参考学时 |
|---|---|---|---|
| 3 | 成衣设计实训（2） | 通过教师的案例分析，学生自主、合作、探究学习，使学生掌握各类不同类型的成衣结构设计及工艺制作的方法，注重基础知识的运用和技能的训练及对市场和流行信息的分析，以项目为导向，在教学中注重设计与实训的对接，强化学生综合设计的创新能力。 | 68 |
| 4 | 职业技能综合实训(1) | 了解服装技能考核的立体造型设计的考试内容，针对相关款式进行坯布立裁、坯样复制、板型处理及坯样缝制全过程的实训，并对完成的作品进行质量分析。 | 51 |
| 5 | 职业技能综合实训(2) | 了解服装技能考核的平面制板的考试内容，针对相关款式进行结构图制作、样板制作、排料与裁剪及坯样缝制全过程的实训，并对完成的作品进行质量分析。 | 51 |
| 6 | 毕业设计 | 为提高学生的综合实践的创意设计和制作能力，依据服装的流行趋势设定主题而开设的工作任务作为更具针对性的实训项目。必须根据专业（技能）方向以及职业岗位实际工作要求，设计项目任务，训练胜任职业岗位工作所具备的多种能力的综合运用。 | 236（8 周） |

### 9.2.6 毕业实习

表 9-7 企业实践及实习安排

| 序号 | 课程名称 | 主要教学内容和要求 | 参考学时 |
|---|---|---|---|
| 1 | 企业实践及实习 | 在完成基础技术课教学和实践实训的前提下，按照专业培养目标要求和教学计划安排，组织在校学生到规模型企业的实际工作岗位进行与专业对口的生产实践。在完成一定生产任务的过程中，掌握实际生产操作技能，了解企业管理和企业文化，养成正确的劳动态度。实习结束后，实习单位鉴定和实习报告作为学分评定依据。 | 485（17 周） |

## 10 教学时间安排

### 10.1 基本要求

表 10-1 教学时间安排（周）

| 学年 | 内容 | | | | |
|---|---|---|---|---|---|
| | 教学（含"理实一体"教学及专门化集中实训） | 复习考试 | 机动 | 假期 | 全年 |
| 第 1 学年 | 36（含 1 周市场调研） | 4 | 1 | 11 | 52 |
| 第 2 学年 | 36（含企业实践 3 周） | 4 | 1 | 11 | 52 |
| 第 3 学年 | 36（含毕业设计 4 周） | 4 | 1 | 11 | 52 |
| 第 4 学年 | 34（含军训 2 周） | 5 | 2 | 11 | 52 |
| 第 5 学年 | 31（含毕业设计及毕业实习 14 周） | 6 | 4 | 11 | 52 |

说明：

1. 学生入学和军训合计 4 周，分别安排在第 1 学年第 1 学期开学前及第 4 学年，一年级入学教育与军训不占用课堂教学时间。

2. 劳动专题教育利用校班会、集中讲座形式实施，不占用课堂教学时间。

3. 教学活动的具体实施可根据实际需要微调。

## 10.2 教学安排建议

**表 10-2 教学安排建议**

| 课程类别 | | 课程名称 | 学分 | 总学时 | 各学期周数、学时分配 | | | | | | | | | | 备注 *① |
|---|---|---|---|---|---|---|---|---|---|---|---|---|---|---|---|
| | | | | | 1 | 2 | 3 | 4 | 5 | 6 | 7 | 8 | 9 | 10 | *② |
| | | | | | 17+1 | 18 | 17+1 | 16+2 | 18 | 14+4 | 15 | 17 | 17 | 14 | |
| 公共基础课 | | 思想政治 | 8 | 136 | 2 | 2 | 2 | 2 | | | | | | | *③ |
| | | 语文 | 18 | 304 | 4 | 4 | 4 | 2 | 2 | 2 | | | | | |
| | | 数学 | 14 | 240 | 4 | 4 | 4 | 2 | | | | | | | |
| | | 英语 | 18 | 304 | 4 | 4 | 4 | 2 | 2 | 2 | | | | | |
| | | 历史 | 4 | 70 | 2 | 2 | | | | | | | | | |
| | | 信息技术基础 | 6 | 105 | 3 | 3 | | | | | | | | | |
| | | 体育与健康 | 12 | 200 | 2 | 2 | 2 | 2 | 2 | 2 | | | | | |
| | | 公共艺术（音乐） | 1 | 17 | 1 | | | | | | | | | | |
| | | 军训（1） | 2 | 50 | | | | | | | | | | | 不计入学分和学时 |
| | | 劳动专题教育 | 1 | 16 | | | | | | | | | | | 不计入学分和学时 |
| | | 基础英语（1） | 4 | 60 | | | | | | | 4 | | | | |
| | | 基础英语（2） | 4 | 68 | | | | | | | | 4 | | | PET（B）英语考试 |
| | | 职场英语 | 3 | 51 | | | | | | | | | 3 | | |
| | | 毛泽东思想和中国特色社会主义理论体系概论 | 2 | 34 | | | | | | | 2 | | | | |
| | | 思想道德修养与法律基础 | 2 | 30 | | | | | | | 2 | | | | |
| | | 形势与政策 | 1 | 17 | | | | | | | | | 1 | | |
| | | 计算机应用基础（1） | 3 | 45 | | | | | | | 3 | | | | |
| | | 计算机应用基础（2） | 3 | 51 | | | | | | | | 3 | | | 大学生计算机 1 级证书 * |
| | | 体育（1） | 2 | 30 | | | | | | | 2 | | | | |
| | | 体育（2） | 2 | 34 | | | | | | | | 2 | | | 达标 |
| | | 职业生涯发展与就业指导 | 2 | 32 | | | | | | | 1 | | 1 | | |
| | | 军训与国防教育 | 4 | 84 | | | | | | | 4 | | | | |
| | | 小计（占总课时比 6.2%） | 113 | 1912 | 22 | 21 | 16 | 10 | 6 | 6 | 16 | 11 | 5 | | |
| | | 素描基础 | 3 | 51 | 3 | | | | | | | | | | |
| | | 色彩基础 | 3 | 54 | | 3 | | | | | | | | | |
| | | 成衣工艺基础 | 6 | 105 | 3 | 3 | | | | | | | | | |
| | | 结构设计基础 | 4 | 70 | 2 | 2 | | | | | | | | | |

表 10-2（续）

| 课程类别 | | 课程名称 | 学分 | 总学时 | 各学期周数、学时分配 | | | | | | | | | | 备注 |
|---|---|---|---|---|---|---|---|---|---|---|---|---|---|---|---|
| | | | | | 1 | 2 | 3 | 4 | 5 | 6 | 7 | 8 | 9 | 10 | *① |
| | | | | | 17+1 | 18 | 17+1 | 16+2 | 18 | 14+4 | 15 | 17 | 17 | 14 | *② |
| 专业技能课 | 专业基础课 | 服装设备概论 | 1 | 18 | | 1 | | | | | | | | | |
| | | 构成原理 | 3 | 51 | | | 3 | | | | | | | | |
| | | 服装材料基础 | 2 | 34 | | | 2 | | | | | | | | |
| | | 服装与服饰设计概论 | 1 | 17 | 1 | | | | | | | | | | |
| | | 计算机辅助设计（1） | 7 | 110 | | | | | 3 | 4 | | | | | |
| | | 计算机辅助设计（2） | 3 | 45 | | | | | | | 3 | | | | |
| | | 时装画技法（1） | 7 | 115 | | | 3 | 4 | | | | | | | |
| | | 时装画技法（2） | 2 | 30 | | | | | | | 2 | | | | |
| | | 小计（占总课时比13.2%） | 43 | 700 | 9 | 9 | 8 | 4 | 3 | 4 | 5 | | | | |
| | 专业核心课 | 结构设计与工艺（1） | 7 | 119 | | | 7 | | | | | | | | |
| | | 结构设计与工艺（2） | 7 | 119 | | | | 7 | | | | | | | |
| | | 结构设计与工艺（3） | 7 | 126 | | | | | 7 | | | | | | |
| | | 结构设计与工艺（4） | 9 | 126 | | | | | | 9 | | | | | |
| | | 女装结构综合设计 | 3 | 45 | | | | | | 3 | | | | | |
| | | 男装结构综合设计 | 2 | 34 | | | | | | | | 2 | | | |
| | | 女外套缝制工艺 | 4 | 60 | | | | | | | 4 | | | | |
| | | 男外套缝制工艺 | 4 | 68 | | | | | | | | 4 | | | |
| | | 服装与服饰设计（1） | 3 | 54 | | | | | 3 | | | | | | |
| | | 服装与服饰设计（2） | 6 | 84 | | | | | | 6 | | | | | |
| | | 服装与服饰设计（3） | 2 | 30 | | | | | | | 2 | | | | |
| | | 服装与服饰设计（4） | 2 | 34 | | | | | | | | 2 | | | |
| | | 服装立体造型设计（1） | 8 | 128 | | | | | 4 | 4 | | | | | |
| | | 服装立体造型设计（2） | 3 | 51 | | | | | | | | | 3 | | |
| | | 小计（占总课时比20.3%） | 67 | 1078 | | | 7 | 7 | 14 | 19 | 9 | 8 | 3 | | |
| | 专业技能方向课 | 服饰图案设计 | 2 | 32 | | | | 2 | | | | | | | |
| | | 市场营销（电商类） | 3 | 48 | | | | 3 | | | | | | | |
| | | 服装款式图绘制 | 6 | 102 | | | | 3 | 3 | | | | | | |
| | | 服装面料创意设计 | 2 | 34 | | | | | | | | 2 | | | |
| | | 服装CAD基础制板 | 3 | 54 | | | | | 3 | | | | | | |
| | | 服装CAD工业制板 | 4 | 68 | | | | | | | | 4 | | | |
| | | 服装陈列设计 | 2 | 34 | | | | | | | | | 2 | | |
| | | 服饰配件设计 | 2 | 34 | | | | | | | | | 2 | | |
| | | 广告摄影 | 2 | 34 | | | | | | | | | 2 | | |
| | | 小计（占总课时比8.3%） | 26 | 440 | | | | 8 | 6 | | | 4 | 8 | | |

表 10-2（续）

| 课程类别 | | 课程名称 | 学分 | 总学时 | 各学期周数、学时分配 | | | | | | | | | | 备注 *① |
| --- | --- | --- | --- | --- | --- | --- | --- | --- | --- | --- | --- | --- | --- | --- | --- |
| | | | | | 1 | 2 | 3 | 4 | 5 | 6 | 7 | 8 | 9 | 10 | *② |
| | | | | | 17+1 | 18 | 17+1 | 16+2 | 18 | 14+4 | 15 | 17 | 17 | 14 | |
| 专业选修课 | | 服饰搭配 | 1 | 16 | | | | 1 | | | | | | | |
| | | 服饰品设计 | 2 | 36 | | | | | 2 | | | | | | |
| | | 礼仪与化妆 | 2 | 28 | | | | | | 2 | | | | | |
| | | 服装面料再造 | 1 | 18 | | 1 | | | | | | | | | |
| | | 服装生产质量管理 | 1 | 16 | | | | 1 | | | | | | | |
| | | 大学生心理健康教育 | 1 | 16 | | | | | | | | | | | 任选一门 |
| | | 中国传统文化 | 1 | 16 | | | | | | | | | | | |
| | | 创新创业基础 | 1 | 16 | | | | | | | | 1 | | | 必选 |
| | | 劳动保障与创新创业法律实务 | 1 | 16 | | | | | | | 1 | | | | 必选 |
| | | 安全教育 | 2 | 28 | | | | | | | | 2 | | | |
| | | 小计（占总课时比例3.9%） | 12 | 206 | 1 | | | 2 | 2 | 2 | 1 | 3 | | | |
| 专业实训和社会综合实践课 | 专业实训课 | 服装市场调研 | 1 | 31 | 1周 | | | | | | | | | | *④ |
| | | 成衣设计实训（1） | 2 | 34 | | | | | | | | | 2 | | |
| | | 成衣设计实训（2） | 4 | 68 | | | | | | | | | 4 | | |
| | | 职业技能综合实训（1） | 3 | 51 | | | | | | | | 3 | | | |
| | | 职业技能综合实训（2） | 3 | 51 | | | | | | | | | 3 | | |
| | | 毕业设计 | 12 | 236 | | | | | | 4周 | | | 4 | | |
| | | 企业实践及实习 | 17 | 485 | | | 1周 | 2周 | | | | | | 14周 | |
| | | 小计（占总课时比18.1%） | 42 | 956 | | | | | | | | 3 | 13 | 14 | |
| 合计 | | | 289 | 5289 | 31 | 31 | 31 | 31 | 31 | 31 | 31 | 29 | 29 | 14 | |

说明：

*①此行的数据为中高职贯通（五年制）的第 1～10 学期。

*②此行的数据为相对应学期的教学周数，如第 1 学期的"17+1"，表示 17 周为正常教学周， 1 周为集中实践周。以此类推。

*③学期、周数列下对应的数据，如"2"，代表的既是学分又是学时（周）。以第 1 学期为例，教学周数为"17+1"，学分、周学时都为 2，那么，第 1 学期的学分为 2，第 1 学期的学时 =2×17=34 学时（集中实践周不算学时）。以此类推，分别计算出开设该课程的 4 个学期的学时，然后相加后等于总学时 136。

*④集中实践周的学分与学时计算，如"1 周"即为 1 学分，第 1～第 4 学期的 1 学分为 31 学时，第 7～10 学期的 1 学分为 28 学时。以此类推。

## 10.3 教学课时汇总

表 10-3 教学课时汇总

| 课程类别 | 公共基础课程（占 36.2%） | | 专业技能课程（占 45.7%） | | | | 实践活动课程（占 18.1%） | | | | 合计 |
|---|---|---|---|---|---|---|---|---|---|---|---|
| | 必修 | 选修（限选） | 基础课程 | 核心课程 | 方向课程 | 选修（任选） | 企业实践 | 综合实训 | 毕业设计 | 毕业实习 | |
| 教学时数 | 1912 | 0 | 697 | 1072 | 440 | 206 | 93 | 235 | 236 | 392 | 5283 |
| 课时占比 | 36.2% | 0 | 13.2% | 20.3% | 8.3% | 3.9% | 1.8% | 4.4% | 4.5% | 7.4% | 100% |

# 11 教学实施

在人才培养模式改革过程中，本专业构建并不断完善基于工作岗位服务流程的项目化、任务型课程体系。为激发学生学习服装专业课程的兴趣和积极性，重视学生的入门教学，由浅入深，实行"模块式"课程设计，其单元目标明确，循序渐进，实践操作分步到位，技能训练不断强化，使学生学有所成，一专多能，大大提高学生对专业课学习的积极性。校企合作深入研讨岗位职业能力、任务领域、项目课程设置，科学地确定完成任务领域的课时数。本着"低起点，淡理论，重实践"的原则，选择"调整文化课，夯实专业课，增加实习课"的课程设置模式，增加专业理论、专业技能课时，把形成能力作为主攻方向，为学生学好专业、掌握一技之长，提供了可靠的时间保障。

本专业自编校本课程，目前制定了服装与服饰设计专业校本教学实施方案初稿，并初步建成了两门市级的精品课程。本专业编制的校本教材侧重于对学生操作能力的培养，使学生能"吃得下，消化得了"，并结合市级精品课程，初步建成服装专业的网络资源管理共享平台（目前已初步完成 1 个教学资源包的素材积累，准备投入使用）。依托生产性实训基地平台，改变传统教学，建设仿真性教学环境。依托微型生产经营孵化基地，开展了相关微型生产经营活动。依托校内生产性实训基地，完善"理实一体、自主学习、实境训练"的教学模式。

## 11.1 教学要求

### 11.1.1 公共基础课

符合教育部有关教育教学基本要求，按照培养学生基本科学文化素养、服务学生专业学习和终身发展的功能来定位，引导学生树立正确的世界观、人生观和价值观，提高学生思想政治素质、职业道德水平和科学文化素养，重在教学方法、教学组织形式的改革，教学手段、教学模式的创新，调动学生学习积极性，为学生综合素质的提高、职业能力的形成和可持续发展奠定基础。

### 11.1.2 专业技能课

按照相应职业岗位（群）的能力要求，强化理论实践一体化，采取课堂教学与工作环境相融合，突出"做中学、做中教"的职业教育教学特色，提倡项目教学、案例教学、任务教学、角色扮演、情景教学等方法，利用校内外实训基地，将学生的自主学习、合作学习和教师引导教学等教学组织形式有机结合。专业核心课程内容以项目课程为主体，其具体结构形式可以选择项目、案例、活动等进行呈现。

## 11.2 教学管理

教学管理要更新观念，改变传统的教学管理方式。

教学管理要有一定的规范性和灵活性，合理调配教师、实训室和实训场地等教学资源，为课程的实施创造条件。要加强对教学过程的质量监控，改革教学评价的标准和方法，促进教师教学能力的提升，保证教学质量。

要把社会监督评价、上级主管部门对教学质量监控与学校内部的教学督导跟踪有机结合起来，实现对教学过程和教学质量全方位、全员性的管理。要建立教学管理信息反馈体系，及时调整教学管理方式，不断完善教学管理措施，坚持把教学质量监控贯穿于整个教育过程之中。

## 12　教学评价

根据本专业培养目标和人才理念，建立科学的评价标准。依据服装行业评价标准，修订人才培养评价改革方案，将星光计划和全国技能大赛的考核标准纳入，作为学生日常技能考核标准，完善包括自我评价、小组评价、教师评价、企业专家评价、父母评价相结合的五元评价体系，推进服装专业的评价模式改革。

教学评价应体现评价主体、评价方式、评价过程的多元化。成立家长代表委员会、教学指导委员会、专业建设委员会，吸收家长、行业企业参与教学评价。

坚持做到：校内校外评价相结合；理论评价与实践评价相结合；职业技能鉴定与学业考核相结合；教师评价、学生互评与自我评价相结合；课内评价与课外评价相结合；过程性评价与结果性评价相结合；定性评价与定量评价相结合。

要采取态度评价、操守评价、作业评价、效果评价等相结合的方式；要重视岗位规范操作、安全文明生产等职业素养的形成；要关注团队合作、爱护设备、节约能源、节省耗材、保护环境、创新创优等意识与观念的树立。不仅关注学生对知识的理解和技能的掌握，更要关注知识在实践中运用与解决实际问题的能力水平。

理论部分的考核可以采用学习态度、表达能力、思维拓展、课堂笔记、信息处理、综合笔试等多元化评价方法；实践部分的考核可以采用路径设计、方案制定、文明生产、故障排除、作品展示、撰写体会等多方位评价方式。

## 13　实训实习环境

本专业应配备校内实训实习室和校外实训基地。

### 13.1 校内实训室

校内实训实习必须具备平面设计工作室、服装CAD工作室、服装结构造型工作室、服装缝纫工作室、服装制作多媒体工作室等实训室，其主要设施设备及数量见表13-1。

表 13-1 校内实训室的功能及装备条件说明

| 序号 | 实训室名称 | 主要工具和设施设备 | |
| --- | --- | --- | --- |
| | | 名称 | 数量 |
| 1 | 面料创意工作室 | 触摸式液晶一体机 | 1 台 |
| | | 实训室功能性旋转长脚操作椅 | 30 把 |
| | | 双头电磁炉（嵌入式） | 3 台 |
| | | 电热双孔烫边机 | 10 台 |
| | | 办公桌 | 2 张 |
| | | 竖型单针总和送高头车 | 1 台 |
| | | 单针总和送高头车 | 1 台 |
| | | 电子白板 | 1 台 |
| | | 办公桌 | 2 张 |
| | | 工作室功能性操作办公桌 | 4 张 |
| 2 | 创客中心（一） | 电脑 | 7 台 |
| | | 触摸式液晶一体机 | 1 台 |
| | | 电脑高速平缝机 | 4 台 |
| | | 工作室功能性操作办公桌 | 2 张 |
| | | 烫台 | 9 张 |
| | | 工业吊瓶熨斗 | 3 个 |
| | | 高速喷墨绘图仪（CAD 输出仪） | 1 台 |
| | | 服装半身人台 | 18 个 |
| | | 陈列柜 | 7 个 |
| | | 书柜 | 4 个 |
| | | 平头锁眼机 | 1 台 |
| | | 包缝机 | 1 台 |
| | | 实训室功能性旋转长脚操作椅 | 16 把 |
| | | 电子白板 | 1 台 |
| | | 激光打印机 | 1 台 |
| 3 | 女装工作室 | 触摸式液晶一体机 | 1 台 |
| | | 实训室功能性旋转长脚操作椅 | 10 把 |
| | | 工作室功能性操作办公桌 | 4 张 |
| | | 电脑高速平缝机 | 1 台 |
| | | 电子钉扣机 | 1 台 |
| | | 熨斗 | 1 个 |
| | | 吸风烫台 | 1 个 |
| | | 双面衣料剖割机 | 1 台 |
| | | 包缝机 | 1 台 |
| | | 电子白板 | 1 台 |
| | | 烫台 | 1 台 |
| | | 办公桌 | 2 张 |

表 13-1（续）

| 序号 | 实训室名称 | 主要工具和设施设备 | |
| --- | --- | --- | --- |
| | | 名称 | 数量 |
| 4 | 创客中心（二） | 多功能绣花机（平板电脑控制终端） | 1台 |
| | | 全自动超声波烫钻 | 1台 |
| | | 绣花机配套软件 | 1台 |
| | | 热转印数码印花机 | 1台 |
| | | 热转印机 | 1台 |
| | | 数码成衣印花机 | 1台 |
| | | 智能交互一体机70寸（含辅助设备） | 1台 |
| | | 单针总和送平车 | 1台 |
| | | 电子花样机 | 1台 |
| | | 削皮机 | 1台 |
| 5 | 男装、旗袍工作室 | 电脑高速平缝机 | 1台 |
| | | 四线包缝机 | 1台 |
| | | 针织绷缝机 | 1台 |
| | | 平头锁眼机 | 1台 |
| | | 烫台 | 1张 |
| | | 吸风烫台 | 1个 |
| | | 触摸式液晶一体机 | 1台 |
| | | 实训室功能性旋转长脚操作椅 | 7把 |
| | | 工作室功能性操作办公桌 | 3张 |
| | | 办公桌 | 2张 |
| 6 | 理实一体化实训室（一） | 电脑高速平缝机 | 30台 |
| | | 沪工粘合机 | 1台 |
| | | 包缝机 | 3台 |
| | | 交互式智能教学一体平板机 | 1台 |
| | | 液晶显示器 | 2台 |
| | | 电脑高速平缝机中的高清摄像机 | 30部 |
| | | 拷贝桌（透写台） | 1张 |
| | | 打板裁剪桌 | 30张 |
| | | 熨烫台 | 30张 |
| | | 熨斗 | 10个 |
| | | 录播系统 | 1套 |
| 7 | 手工服饰工作室 | 触摸式液晶一体机 | 1台 |
| | | 实训室功能性旋转长脚操作椅 | 10把 |
| | | 工作室功能性操作办公桌 | 4张 |
| | | 烫台 | 2张 |
| | | 熨斗 | 1个 |
| | | 电脑 | 1台 |
| | | 办公桌 | 2张 |
| 8 | 声光电陈列展示模拟卖场实训室 | 工作室功能性操作办公桌 | 14张 |
| | | 烫台 | 4张 |
| | | 服装半身人台 | 34个 |
| | | 触摸式液晶一体机 | 1台 |
| | | 陈列架 | 11个 |
| | | 实训室功能性旋转长脚操作椅 | 36把 |

表 13-1（续）

| 序号 | 实训室名称 | 主要工具和设施设备 | |
|---|---|---|---|
| | | 名称 | 数量 |
| 9 | 立体造型创意工作室 | 双面衣料剖割机 | 1 台 |
| | | 触摸式液晶一体机 | 1 台 |
| | | 烫台 | 1 张 |
| | | 熨斗 | 1 个 |
| | | 陈列柜 | 8 个 |
| 10 | 理实一体化实训室（二） | 电脑高速平缝机 | 31 台 |
| | | 电脑高速平缝机中的小型智慧智能平板 | 30 台 |
| | | 包缝机 | 3 台 |
| | | 制板桌（裁剪桌） | 30 张 |
| | | 熨烫台 | 30 张 |
| | | 功能性旋转长脚操作椅 | 30 把 |
| | | 熨斗 | 14 个 |
| | | 凳子 | 31 张 |
| | | 拷贝桌（透写台） | 1 张 |
| | | 交互式智能教学一体平板机 | 1 台 |
| | | 液晶显示器 | 2 台 |
| | | 服装半身人台 | 2 个 |
| | | 录播系统 | 1 套 |
| 11 | 理实一体化实训室（三） | 电脑高速平缝机 | 30 台 |
| | | 包缝机 | 3 台 |
| | | 制板桌（裁剪桌） | 16 张 |
| | | 功能性旋转长脚操作椅 | 2 把 |
| | | 平缝机椅子 | 33 把 |
| | | 熨烫台 | 30 张 |
| | | 熨斗 | 16 个 |
| | | 吸风烫台 | 5 个 |
| | | 电脑高速平缝机中的高清摄像机 | 30 部 |
| | | 针织绷缝机 | 1 台 |
| | | 电子钉扣机 | 1 台 |
| | | 链条平缝机 | 1 台 |
| | | 双针综合送布平缝机 | 1 台 |
| | | 粘合机 | 1 台 |
| | | 自动上袖机 | 1 台 |
| | | 自动开袋平缝机 | 1 台 |
| | | 交互式智能教学一体平板机 | 1 台 |
| | | 液晶显示器 | 2 台 |
| | | 服装半身人台 | 29 个 |
| | | 录播系统 | 1 套 |

表 13-1（续）

| 序号 | 实训室名称 | 主要工具和设施设备 | |
|---|---|---|---|
| | | 名称 | 数量 |
| 12 | 理实一体化实训室（四） | 电脑高速平缝机 | 25 台 |
| | | 包缝机 | 3 台 |
| | | 制板桌（裁剪桌） | 24 张 |
| | | 功能性旋转长脚操作椅 | 25 把 |
| | | 椅子 | 25 把 |
| | | 熨烫台 | 27 张 |
| | | 熨斗 | 13 个 |
| | | 吸风烫台 | 1 个 |
| | | 电脑高速平缝机中的高清摄像机 | 25 个 |
| | | 拷贝桌（透写台） | 1 张 |
| | | 珠边平缝机 | 1 台 |
| | | 高速电子小套结机 | 1 台 |
| | | 交互式智能教学一体平板机 | 1 台 |
| | | 液晶显示器 | 2 台 |
| | | 服装半身人台 | 2 个 |
| | | 录播系统 | 1 套 |
| 13 | 特种机实训室 | 大白扣机 | 1 台 |
| | | 曲臂型双针链缝机 | 3 台 |
| | | 高速单针平缝机里襟机 | 3 台 |
| | | 单针高抬平缝机（金轮） | 1 台 |
| | | 单针自动剪线平缝机 | 1 台 |
| | | 单针综合送布平缝机 | 1 台 |
| | | 干式机头双针电脑平缝 | 2 台 |
| | | 高抬缝机（JUKI） | 1 台 |
| | | 厚料大旋梭平缝机 | 1 台 |
| | | 假珠边平缝机（日工） | 2 台 |
| | | 双针高抬平缝机（金轮） | 1 台 |
| | | 平头绷缝机（JUKI） | 1 台 |
| | | 筒形综合平缝机（JUKI） | 1 台 |
| | | 圆头绷缝机（JUKI） | 1 台 |
| | | 曲臂型双链缝纫机（JUKI） | 2 台 |
| | | 橡筋缝纫机 | 2 台 |
| | | 美机四线包缝机 | 8 台 |
| | | 美机五线包缝机 | 8 台 |
| 14 | 服装 CAD 实训室 | 电脑 | 40 台 |
| | | 服装 CAD 软件 | 网络版 40 点位 |
| 15 | 服装电脑设计实训室 | 电脑 | 45 台 |
| | | 平面设计软件 | 45 套 |
| | | 数位板（压感笔） | 2 套 |
| 16 | 服装绘画实训室 | 实木画架 | 32 个 |
| | | 4 开画板 | 32 块 |
| | | 素描石膏头像 | 10 个 |
| | | 素描几何石膏 16 个 | 2 套 |
| | | 素描灯 1.5 米 | 2 个 |

### 13.2 校外实训基地

具有不少于5个（辖市区域内不少于3个）规模型服装企业作为校外实训实习基地，形成互兼互聘、互赢互利的长期合作关系。校外实训基地应成为学生生产见习、顶岗实习和教师实践锻炼的有效平台。

聘请企业技术人员担任兼职实训指导教师，在课程体系建设、专业综合实训项目开发、学生生产见习和顶岗实习中发挥积极作用。借助企业平台优势，选聘骨干教师参与生产管理和品牌开发，服务经济建设。专业骨干教师参与企业生产经营的同时，要不断了解现代服装企业先进的技术管理理念和生产技术标准，及时把企业的新技术、新工艺、新方法反馈到教学改革实践中。

要建立校企会商沟通、信息反馈机制，定期召开由顶岗实习学生、企业专职管理人员和学生实习岗位结对师傅等成员组成的专题会议，健全学生顶岗实习轮岗制度和教师企业实践工作制度。

## 14 专业师资

建立符合中等及高等职业学校教师专业标准要求的"双师型"专业教师团队，应有业务水平较高的专业带头人，并聘请行业企业技术骨干担任兼职教师。专任教师应为对应专业或相关专业本科及以上学历，并具有中等职业学校及以上教师资格证书、专业资格证书以及中级及以上专业技术职务所要求的业务能力，具备良好的师德和终身学习能力，适应产业行业发展需求，熟悉企业情况，能积极开展课程教学改革。

师生比应达到1∶20。专任教师中，具有高级专业技术职务人数不低于20%；专业教师人数应不低于本校专任教师人数的50%，其中双师型教师人数不低于30%；专业至少应配备具有相关专业中级及以上专业技术职务的专任教师5人。学校应聘任一定数量的、具有中级及以上专业技术职务或高级工职业资格的专业技术人员，或者是在相关行业领域享有较高声誉、具有丰富实践经验和特殊技能的"能工巧匠"，担任专业课教师或实习指导教师。

### 14.1 公共基础课教师

（1）应了解所教专业的培养目标，明确所任课程在教学计划中的地位和作用，熟悉教学大纲和教材体系，了解相关课程的先行、并行及后继关系；具备教学研究的能力。

（2）应学习和了解所教专业的相关知识，继续教育时间为每学年不少于两周，定期到企业或生产服务一线进行实践或调研。

### 14.2 专业技能课教师

（1）获得高级工职业资格，或取得非教师系列专业技术中级及以上职称，或获得相关行业执业资格。

（2）每两年必须有两个月以上时间到企业或生产服务一线实践，了解企业的生产组织方式、工艺流程、产业发展趋势等基本情况，熟悉企业相关岗位（工种）职责、操作规范、用人标准及管理制度等具体内容，学习所教专业在生产实践中应用的新知识、新技能、新工艺、新方法。

### 14.3 师资队伍建设

在师资队伍建设上，本专业制定了专业带头人培养计划，依据"双师型"及"校企合作"的专业师资培养模式，与时俱进地派出专业带头人赴国外进行培训。专业带头人带领专业教师开展专业建设、课程改革、教学改革，并指导青年教师；组织专业教师积极参加校内外各类进修或培训，派专业教师去企业顶岗实习，完善专业教师企业实践机制，进一步提升教师专业能力；"互学共进"，特聘企事业单位的专家与专业教研组"结对子"，引领和培养优良的"双师型"教学团队，提升专业教师整体水平；通过各类培训、技能大赛、星光计划、企业实践平台等多种途径的学习与锻炼，使得专业教师实践能力和教学能力得到全面提升；继续通过培养、进修，使本专业"双师型"教师人数的比例达85%。由此，打造出一支专兼结合、业务过硬、教学实践专业的教师队伍。

## 15 毕业要求

依据国家以及"上海市中高职贯通专业学生学籍管理实施办法"的相关规定，结合专业培养目标和人才规格，明确以下三个方面的毕业要求：

（1）思想品德评价合格。

（2）修满专业人才培养方案规定的全部课程且成绩全部合格，或修满规定学分。

（3）顶岗实习或工学交替实习鉴定合格。

# 服装与服饰设计专业中高职贯通课程标准

# "素描基础" 课程标准

**课程名称：** 素描基础

**课程代码：** 201497

**学时：** 51　**学分：** 3　　**理论学时：** 17　　**实训学时：** 34　　**考核方式：** 随堂考试

**先修课程：** 无

**适用专业：** 服装与服饰设计专业

**开课院系：** 上海市群益职业技术学校服装与服饰设计专业教研室

**教材：** 《素描（基础）》（王东辉、罗兵编著，中国海洋大学出版社出版，2019年）

**主要参考书：** [1] 於阗. 设计素描. 上海：学林出版社，2017.

　　　　　　　　[2] 陈华新. 素描. 上海：上海大学出版社，2015.

　　　　　　　　[3] 靳向红，钱骏. 素描. 青岛：中国海洋大学出版社，2018.

## 1　课程性质及设计思路

### 1.1 课程性质

　　"素描基础"是服装与服饰设计专业的一门专业基础必修课程。本课程针对专业方向的需要，在教学过程中让学生在课堂写生中学习和掌握正确的观察方法，提高和增强对画面整体构图安排、各个物体的形状比例与体积关系、透视现象及明暗调子层次变化的理解和认识能力，并且掌握一定的变化规律。通过运用各种表现形式来描绘出对象的形体和三维空间关系。通过课堂上的训练，学生能了解素描相关的理论知识和掌握素描写生的技能，培养和提高学生审美眼光及分析、判断、表现等方面的综合运用能力。

### 1.2 设计思路

　　本课程的总体设计思路是，在课堂教学中先向学生讲授素描的基本理论，包括素描的基本概念、怎样正确地观察写生物体的比例关系、了解与掌握透视学的基本知识和表现方法。其次在课堂教学过程中，坚持写生实践结合教师的具体个别辅导的直观教学模式，提高学生学习兴趣，激发学生学习动力，使学生掌握素描的基本理论知识和写生技能。在课堂教学中，注重提高学生的观察和动手能力。

　　课程内容组成，以一组不同形状、体积的石膏几何体为例来进行分析与讲解，并同时做写生示范。作为素描初学阶段的学生，在写生作业中首先面临的问题就是要考虑画面的构图安排，这是一张作业是否符合要求的重点。同时，它也能有效地培养学生养成整体观察画面的良好作画习惯。在写生的整个过程中，始终要坚持局部描绘、整体观察比较的正确作画方法，包括线条的长短、角度、位置的高低以及物体形状的区别和物体宽与高之间的比例关系等方面。另外，把握好一幅整体的画面，对画面中的各个物体在三维空间里所处的位置，要通过位置的高低和近大远小的变化客观地表现出来。本课程包含素描概论、结构的研究与表现、明暗的研究与表现三个工作任务。

　　本课程建议为51课时。

## 2　课程目标

　　通过本课程的学习，使学生能够了解和掌握素描的基本理论与写生方法及技能。素描训练能使学生跨越对客观事物的一般的表层印象，深入到对形体的结构与本质的研究，学习如何通过表现对象来提高学生对客观事物的感知、判断、认识等能力和审美水平。几何形体写生是素描训练的初级阶段。由于几何形体的形体变化比较简洁、概括，基本形体特征比较容易掌握，通过训练能使学生了解和熟悉素描的各种要素，体会各种物体所显示出来的规律与变化，从中积累各种经验，为下一个阶段的色彩课程学习打下扎实的基础。

## 3  课程内容与要求

表 1  课程内容与要求

| 任务序号 | 教学任务 | 活动内容 | 活动要求 | 活动设计建议／实训技能要点 | 参考课时 |
|---|---|---|---|---|---|
| 任务一 | 素描概论 | 1.了解素描是所有造型和设计艺术的基础课程。2.了解素描是一种通过形体结构、比例、线条、明暗调子等因素来表现对象的单色画。 | 1.认识二维平面。2.学习透视学原理和一点透视、两点透视的作图方法。3.理解构图法则：重力、动力、平衡。 | 素描训练是一个完整的训练系统，它要求学生的眼、脑、手同时得到锻炼。为培养学生分析和解决问题的能力，要求学生在作画过程中自始至终在"整体的关系"中去认识和观察对象，通过对结构的分析，最后达到表现出简明有力的艺术效果。 | 8 |
| 任务二 | 结构的研究与表现 | 1.对形体结构进行分析，了解结构的产生。2.进行空间形体分析。 | 1.对形体结构进行分析，了解结构的产生。2.进行空间形体分析。3.了解形体结构、空间结构之间的关系。4.通过对表现因素的分析，讨论结构与光线的关系。5.学习几何形体结构表现。6.学习有机形体结构表现。 | 在学习过程中，遵循"从简到繁、由浅入深、循序渐进"的原则，把写生和临摹有机地结合起来。写生的过程，应是一个深入研究对象的过程，特别是对基础较弱的学生（缺乏基本的造型知识和能力）而言，进行这样严格的训练是非常必要的。在每个写生作业完成后，对作业中存在的问题进行点评，对好的作业进行总结。进行小组互评。 | 22 |
| 任务三 | 明暗的研究与表现 | 1.将明暗色调的变化规律，用"三大面"和"五大调"来概括。2.学习对黑、白、灰大明暗变化的表现，能产生最基本的形体效果。掌握这些基本规律，有助于丰富视觉、提高绘画能力。 | 1.变换光源，进行黑、白关系的判断。2.学习暗部观察及其表现方法。3.学习明暗交界线的寻找及其表现方法。4.学习亮部处理方法。 | 画明暗关系，要从大体着手，层层深入，逐步地把对象表现出来。要求在观察时不断地体会和比较形体所呈现的明暗层次变化，使观察与表现对象同步进行。注意比较方形物体与圆形物体转折的明暗层次变化的区别。在每张写生作业过程中，对作业中存在的问题进行及时点评，对好的作业进行总结。这有利于在后面的写生中明确任务和方向。 | 21 |

## 4 教学建议

由于在素描基础课程中教师需要经常利用相关画作范例来进行分析与讲解，建议允许学生带手机上课，以便教师发放辅助参考资料。另外，由教师根据学生的基础情况来选定一本画册作为临摹范本。

### 4.1 教学实施建议

（1）在教学过程中，应立足于加强学生实际操作能力的培养，采用任务引领、项目教学的方法，提高学生的学习兴趣，激发学生的成就感。

（2）在教学过程中，有机结合教师示范和学生分组操作训练、学生提问和教师解答，通过"教"与"学"的师生互动，使学生能熟悉掌握素描的基本技能，学会素描的表现方法。

（3）在教学过程中，要创设工作情境，紧密结合本专业方向课程的要求，加强操作训练，使学生掌握素描的技能和要求，提高学生的动手和创新能力。

（4）在教学过程中，要充分运用实物、图片、多媒体等教学手段来直观地演示教学内容。

（5）在教学过程中，要及时关注素描基础课程的新的发展趋势，为学生提供后续课程的发展空间，为努力培养学生的职业能力和创新精神打下良好的基础。

### 4.2 教学评价建议

（1）以学习目标为评价标准，采用阶段评价、目标评价、理论与实践一体化的评价模式。

（2）关注评价的多元化，结合课堂提问、学生作业、平时测验、实验实训、技能竞赛及考试情况，综合评定学生成绩。

（3）应注重对学生的动手能力和在实践中分析、解决问题能力的考核，对在素描基础课程学习和应用上有创新的学生应给予特别鼓励，综合评价学生的能力。

### 4.3 教材编写建议

（1）依据本课程标准编写教材，且教材应充分体现任务引领、实践导向的课程设计思想。

（2）以"工作任务"为主线来设计教材，结合职业技能鉴定要求，以岗位需要为原则来确定教学内容，根据完成专业教学任务的需要来组织教材内容。

（3）教材应体现通用性、实用性、先进性，要反映本专业的新技术、新知识，教学活动的选择和设计要科学、具体、可操作。

（4）教材文字表述要精练、准确，内容呈现应做到图文并茂，力求易学、易懂。

### 4.4 资源开发利用建议

（1）注重实训室、课堂配套练习题和实训教材的开发与应用。

（2）注重多媒体教学资源库、多媒体教学课件和多媒体仿真软件等现代化教学资源的开发与利用，努力实现跨学校多媒体资源的共享，以提高课程资源的利用率。

（3）积极开发和利用网络课程资源，充分利用电子书籍、电子期刊、数字图书馆、教育网站和电子论坛等网络信息资源。

（4）充分利用学校的实训设施设备，将教学与实训合一，满足学生综合职业能力培养的需要。

# "色彩基础"课程标准

**课程名称：**色彩基础

**课程代码：**201497

**学时：**54 **学分：**3 **理论学时：**18 **实训学时：**36 **考核方式：**随堂考试

**先修课程：**素描基础

**适用专业：**服装与服饰设计专业

**开课院系：**上海市群益职业技术学校服装与服饰设计专业教研室

**教材：**《色彩（基础）》（徐军、郝振全编著，中国海洋大学出版社，2018年）

**主要参考书：**[1]金晖.设计色彩.上海：学林出版社，2018.

[2]孔莉莉.色彩构成.上海：学林出版社，2018.

## 1 课程性质及设计思路

### 1.1 课程性质

"色彩基础"是服装与服饰设计专业的一门专业基础必修课程。它针对专业方向的需要，在教学过程中让学生在课堂写生中学习和掌握正确的观察方法，提高和增强对色彩产生的原理、色彩的三要素与三属性及色彩体系的理解与认识能力，并且掌握一定的变化规律。通过掌握色彩写生的基本方法，提高色彩表现的基本技巧。通过本课程的学习和训练，能有效地提高学生的色彩观察与分析能力以及造型能力和艺术表现能力。经过课堂辅导和训练，使学生能初步掌握色彩（水粉）画的性能和表现技法，为后续课程学习打下良好基础。

### 1.2 设计思路

本课程的总体设计思路是，在课堂教学中先向学生讲授色彩产生的基本原理，如色调的统一与谐调，是通过从色彩的三属性（色相、明度、饱和度）上进行处理而得到变化统一。通过色彩静物作品临摹，使学生掌握正确的整体观察和比较方法，熟悉并掌握水彩（水粉）工具，能用简练概括的笔触塑造出静物的基本形体与特征，并且表现出静物不同的质感、体积、空间关系。在教学过程中，根据学生的色彩绘画基础情况，因材施教，实施不同基础的学生其临摹的作品难度不同的教学方式，做到有针对性地进行教学和辅导。在课堂教学过程中，坚持学生写生实践结合教师的具体个别辅导的直观教学模式，提高学生学习兴趣，激发学生学习动力，使学生掌握色彩的基本理论知识和写生技能。在课堂教学中，注重提高学生的观察和动手能力。

课程内容组成，以一组不同形状的静物为例进行分析与讲解，并同时做写生示范。作为色彩初学阶段的学生，在写生作业中首先面临的问题就是要考虑色彩的观察和表现方法，这是一张作业是否符合要求的重要方面，同时它也能有效地培养学生养成整体观察色彩的良好作画习惯。本课程包含了色彩产生变化的原因和规律、水粉画调色用笔的技法、用色彩变化和明暗关系变化刻画出质感三个工作任务。

本课程建议为54课时。

## 2 课程目标

通过本课程的学习，使学生能够了解和掌握色彩的基本理论和写生方法以及技能，色彩训练能使学生了解和掌握色调统一谐调的方法，利用各种方法使画面的色彩得到谐调，如降低色彩的饱和度、减弱色彩的冷暖关系等。以优秀的色彩静物作品举例说明能使色彩谐调的方法和效果，让学生了解和掌握正确的观察和区别色彩之间的明度差异和冷暖变化的方法。通过本课程学习，使学生学会水粉画调色方法及正确的作画步骤，从中积累各种经验，为下一个阶段的速写课程学习打下扎实的基础。

## 3　课程内容与要求

表 1 课程内容与要求

| 任务序号 | 教学任务 | 活动内容 | 活动要求 | 活动设计建议 /<br>实训技能要点 | 参考课时 |
|---|---|---|---|---|---|
| 任务一 | 色彩产生变化的原因和规律 | 辅导学生临摹作品，初步了解水粉画的起稿、铺大体色彩，用较简洁的笔触对物体进行概括性的塑造。此阶段要求尽量忽略细节，把握色彩大体关系。 | 讲解对物体色彩产生影响的三个要素：物体的固有色、光源色、环境色。充分利用这几个因素，观察、分析和判断物体色彩的变化与规律。 | 要求学生学会如何观察、分析、区分对象的色彩关系，从三个方面进行判断，即色彩的色相、明度、饱和度（纯度）来确定色彩。 | 12 |
| 任务二 | 水粉画调色、用笔的技法 | 临摹一张较简单的色彩静物作品（水粉画）。 | 了解光源色对物体亮部以及环境色对物体暗部色彩产生的影响。 | 1.在画室做静物写生。<br>2.师生共同评价、分析。<br>3.收集优秀的静物画作品，进行临摹、展示。<br>4.分组讨论、归纳、总结。<br>5.小组互评、教师点评。 | 22 |
| 任务三 | 用色彩变化和明暗关系变化刻画出质感 | 临摹一张不同质地物体的色彩静物作品（水粉画）。 | 掌握用色彩来表现不同质感物体的方法。了解表面光滑的物体受周围环境色彩的影响较为明显，而外表粗糙的物体受周围环境色彩的影响不太明显。 | 举例说明不同质地物体的色彩变化规律和表现质感方法。利用教材上的优秀作品范例来讲解相关知识。 | 20 |

## 4　教学建议

由于色彩基础课程教师需要经常利用相关画作范例来进行分析和讲解，建议允许学生带手机上课，以便教师发放辅助参考资料。另外，由教师根据学生的基础情况来选定一本画册作为临摹范本。

### 4.1 教学实施建议

（1）在教学过程中，应立足于加强学生实际操作能力的培养，采用任务引领、项目教学的方法，提高学生的学习兴趣，激发学生的成就感。

（2）在教学过程中，有机结合教师示范和学生分组操作训练、学生提问和教师解答，通过"教"与"学"的师生互动，学生能熟悉掌握色彩表现基本技能，学会色彩的表现方法。

（3）在教学过程中，要创设工作情境，紧密结合本专业方向课程的要求，加强操作训练，使学生

掌握色彩的操作技能和要求，提高学生的动手和创新能力。

（4）在教学过程中，要充分运用实物、图片、多媒体等教学手段来直观演示教学内容。

（5）在教学过程中，要及时关注色彩基础课程方面的新的发展趋势，为学生提供后续课程的发展空间，为努力培养学生的职业能力和创新精神打下良好的基础。

### 4.2 教学评价建议

（1）以学习目标为评价标准，采用阶段评价、目标评价、理论与实践一体化的的评价模式。

（2）关注评价的多元化，结合课堂提问、学生作业、平时测验、实验实训、技能竞赛及考试情况，综合评定学生成绩。

（3）应注重对学生的动手能力和在实践中分析、解决问题能力的考核，对在色彩基础课程学习和应用上有创新的学生应给予特别鼓励，综合评价学生的能力。

### 4.3 教材编写建议

（1）依据本课程标准编写教材，且教材应充分体现任务引领、实践导向的课程设计思想。

（2）以"工作任务"为主线来设计教材，结合职业技能鉴定要求，以岗位需要为原则来确定教学内容，根据完成专业教学任务的需要来组织教材内容。

（3）教材应体现通用性、实用性、先进性，要反映本专业的新技术、新知识，教学活动的选择和设计要科学、具体、可操作。

（4）教材文字表述要精练、准确，内容呈现应做到图文并茂，力求易学、易懂。

### 4.4 资源开发利用建议

（1）注重实训室、课堂配套练习题和实训教材的开发与应用。

（2）注重多媒体教学资源库、多媒体教学课件和多媒体仿真软件等现代化教学资源的开发和利用，努力实现跨学校多媒体资源的共享，以提高课程资源的利用率。

（3）积极开发和利用网络课程资源，充分利用电子书籍、电子期刊、数字图书馆、教育网站和电子论坛等网络信息资源。

（4）充分利用学校的实训设施设备，将教学与实训合一，满足学生综合职业能力培养的需要。

# "成衣工艺基础" 课程标准

**课程名称：** 成衣工艺基础

**课程代码：** 072182

**学时：** 105　**学分：** 6　**理论学时：** 35　**实训学时：** 70　**考核方式：** 随堂考试

**先修课程：** 无

**适用专业：** 服装与服饰设计专业

**开课院系：** 上海市群益职业技术学校服装与服饰设计专业教研室

**教材：** 《服装成衣制作工艺》（朱奕、肖平编著，中国海洋大学出版社出版，2019年）

**主要参考书：** [1] 日本文化服装学院编. 服饰造型基础. 张祖芳，等译. 上海：东华大学出版社，2005.

　　　　　　　[2] 鲍卫君等. 服装工艺基础（第2版）. 上海：东华大学出版社，2016.

　　　　　　　[3] 胡忧、欧阳心力. 现代服装工艺设计图解. 长沙：湖南人民出版社，2013.

## 1 课程性质及设计思路

### 1.1 课程性质

"成衣工艺基础"是服装与服饰设计专业的一门专业基础必修课程，是服装工艺类的入门课程。本课程体现理论与实践一体化的教学思想，突出以能力为本位、以应用为目的的职业教育特色。本课程系统地讲述了成衣工艺的基础知识、国家标准以及基础工艺的操作方法，详细讲述了手缝工艺、机缝工艺、熨烫工艺以及装饰工艺的操作步骤、运用基础工艺制作成品的方法。经过课堂辅导与训练，学生能具有成衣基础工艺的基本技能和解决实际问题的能力。

### 1.2 设计思路

本课程的总体设计思路是，坚持"做中学、做中教"，积极探索理论和实践相结合的教学模式，通过任务引领和运用基础工艺进行成品制作等项目活动，引导学生通过学习过程的体验，提高学习兴趣，激发学习动力，让学生能了解成衣工艺的基础知识、手缝、机缝、熨烫及装饰的基础工艺，具备能运用所学的各类基础工艺进行成品制作的基本技能等。在组织课堂教学时，应以立足于培养学生的基础成衣工艺的运用能力，用各种方式激励学生学习。建议用项目教学法进行教学。

课程内容的选取根据成衣的手缝、机缝、熨烫及装饰基础工艺，紧紧围绕成衣基础工艺课程的重点，将所学的基础工艺运用于实际成品中，同时充分考虑本专业中职生对相关理论知识的理解层次，融入相应的理论知识，为学生今后在高职阶段的学习打下重要的基础。

课程内容组成，以首先介入基础工艺，然后把基础工艺运用于成品中为线索设计，包含成衣工艺基础知识、手缝基础工艺、机缝基础工艺、熨烫及装饰基础工艺、趣味成品工艺5个工作任务。

本课程建议为105课时。

## 2 课程目标

### 2.1 能力目标

通过本课程的学习，学生能够运用成衣基础工艺的基础知识，掌握成衣基础工艺的基本理论及技能。

## 2.2 知识目标

了解成衣基础工艺的基础知识、掌握手缝工艺、机缝工艺、熨烫工艺及装饰工艺的基本方法。

## 2.3 素质目标

（1）具有热爱本职工作、爱岗敬业、乐于奉献的精神；

（2）具有进行成衣基础工艺制作的基本能力；

（3）培养学生积极思考、勇于探索的精神；

（4）具有团结协作精神。

## 3 课程内容与要求

**表 1 课程内容与要求**

| 任务序号 | 教学任务 | 活动内容 | 活动要求 | 活动设计建议 / 实训技能要点 | 参考课时 |
|---|---|---|---|---|---|
| 任务一 | 成衣工艺基础知识 | 1. 成衣工艺的概念。<br>2. 成衣工艺的分类。<br>3. 成衣工艺的工具。 | 1. 了解成衣工艺的概念。<br>2. 知晓成衣工艺的类别。<br>3. 了解工具的名称。<br>4. 学会工具的使用方法。 | 1. 通过 PPT 课件让学生了解成衣工艺的类别。<br>2. 通过图片和实物让学生直观地认识工具。<br>3. 通过视频让学生掌握工具的使用方法。 | 8 |
| 任务二 | 手缝基础工艺 | 1. 起针、打结操作。<br>2. 纳针针法操作。<br>3. 缲针针法操作。<br>4. 攻针针法操作。<br>5. 倒回针针法操作。<br>6. 扎针针法操作。<br>7. 甩针针法操作。<br>8. 杨树花针法操作。<br>9. 锁眼针法操作。<br>10. 钉扣针法操作。 | 1. 掌握起针、打结的技巧。<br>2. 掌握纳针针法制作技巧。<br>3. 掌握缲针针法制作技巧。<br>4. 掌握攻针针法制作技巧。<br>5. 掌握倒回针针法制作技巧。<br>6. 掌握扎针针法制作技巧。<br>7. 掌握甩针针法制作技巧。<br>8. 掌握杨树花针法制作技巧。<br>9. 掌握锁眼针法制作技巧。<br>10. 掌握钉扣针法制作技巧。 | 1. 通过图片和实物让学生直观地了解手缝工艺的操作方法。<br>2. 通过视频让学生掌握手缝工艺的操作步骤。<br>3. 通过教师直接讲解与演示，纠正学生操作中的问题。 | 20 |
| 任务三 | 机缝基础工艺 | 1. 认识缝纫机。<br>2. 缝纫机的安全使用方法。<br>3. 缝纫机的控针。<br>4. 平缝操作。<br>5. 坐倒缝操作。<br>6. 包缝操作。<br>7. 来去缝操作。<br>8. 劈压缝操作。<br>9. 骑缝操作。<br>10. 卷边缝操作。 | 1. 掌握正确安全使用缝纫机的方法。<br>2. 掌握平缝制作技巧。<br>3. 掌握坐倒缝制作技巧。<br>4. 掌握包缝制作技巧。<br>5. 掌握来去缝制作技巧。<br>6. 掌握劈压缝制作技巧。<br>7. 掌握骑缝制作技巧。<br>8. 掌握卷边缝制作技巧。 | 1. 通过图片和实物让学生直观地了解机缝工艺的操作方法。<br>2. 通过视频让学生掌握机缝工艺的操作步骤。<br>3. 通过教师直接讲解与演示，纠正学生操作中的问题。 | 28 |

表1（续）

| 任务序号 | 教学任务 | 活动内容 | 活动要求 | 活动设计建议／实训技能要点 | 参考课时 |
|---|---|---|---|---|---|
| 任务四 | 熨烫及装饰基础工艺 | 1. 认识熨斗。<br>2. 熨斗安全使用方法。<br>3. 熨斗的操作要点。<br>4. 直线缝熨烫方法。<br>5. 弧线缝熨烫方法。<br>6. 特殊缝熨烫方法。<br>7. 装饰工艺的类型。<br>8. 装饰工艺的操作。 | 1. 掌握正确安全使用熨斗的方法。<br>2. 掌握直线缝熨烫技巧。<br>3. 掌握弧线缝熨烫技巧。<br>4. 掌握特殊缝熨烫技巧。<br>5. 了解装饰工艺的类别。<br>6. 掌握装饰工艺制作技巧。 | 1. 通过图片和实物让学生直观地认识熨烫及装饰工艺的操作方法。<br>2. 通过视频让学生知晓熨烫及装饰工艺的操作步骤。<br>3. 通过教师直接讲解与演示，纠正学生操作中的问题。 | 16 |
| 任务五 | 趣味成品工艺 | 1. 百变小笔袋缝制。<br>2. 口金包缝制。<br>3. 实用工具袋缝制。<br>4. 拼布包缝制。<br>5. 拓展手缝作品设计。<br>6. 小杯垫缝制。<br>7. 工具包缝制。<br>8. 靠垫缝制。<br>9. 围裙缝制。<br>10. 拓展机缝作品设计。<br>随机选择以上作品中的2款进行制作。 | 1. 通过缝制笔袋、口金包及工具袋，掌握手缝针法的起针、打结、平缝、回针和缲缝针法。<br>2. 通过缝制拼布包书皮，让学生掌握色彩的搭配和拼布的手缝技法。<br>3. 运用所学手缝针法，自主设计缝制完成手工作品。<br>4. 通过对缝制小杯垫、工具包、靠垫、围裙的学习，掌握倒回针、来去缝、平缝、黏合衬熨烫以及装拉链的机缝、熨烫和装饰技法。<br>5. 运用所学机缝技法，自主设计缝制完成机缝作品。 | 1. 通过面辅料的实物展示与缝制体验，让学生掌握面辅料的特性。<br>2. 通过教师直接讲解，纠正学生操作中的问题。<br>3. 通过教师示范和同步示范视频，让学生更直观地掌握手缝、机缝技法及熨烫技法。 | 33 |

## 4 教学建议

在组织"成衣工艺基础"课程教学时，应立足于加强学生实际操作能力的培养，采用理论讲授法、项目教学法，结合学生分组训练、教师讲评等方式，提高学生的学习兴趣。

### 4.1 教学实施建议

（1）在教学过程中，应立足于加强学生实际操作能力的培养，采用任务引领、项目教学的方法，提高学生的学习兴趣，激发学生的成就感。

（2）在教学过程中，有机结合教师示范和学生分组操作训练、学生提问和教师解答，通过"教"与"学"的师生互动，学生能熟悉掌握成衣工艺基础的基本方法，学会成衣工艺基础的缝制技能。

（3）在教学过程中，要创设工作情境，紧密结合本专业方向课程的要求，加强操作训练，使学生掌握成衣工艺基础的操作方法，提高学生的动手和创新能力。

（4）在教学过程中，要充分运用实物、图片、多媒体等教学手段来直观演示教学内容。

（5）在教学过程中，要及时关注成衣工艺基础课程方面的新的发展趋势，为学生提供后续课程的发展空间，为努力培养学生的职业能力和创新精神打下良好的基础。

### 4.2 教学评价建议

（1）以学习目标为评价标准，采用阶段评价、目标评价、理论与实践一体化的的评价模式。

（2）关注评价的多元化，结合课堂提问、学生作业、平时测验、实验实训、技能竞赛及考试情况，综合评定学生成绩。

（3）应注重对学生的动手能力和在实践中分析、解决问题能力的考核，对在成衣工艺基础课程学习和应用上有创新的学生应给予特别鼓励，综合评价学生的能力。

## 4.3 教材编写建议

（1）依据本课程标准编写教材，且教材应充分体现任务引领、实践导向的课程设计思想。

（2）以"工作任务"为主线来设计教材，结合职业技能鉴定要求，以岗位需要为原则来确定教学内容，根据完成专业教学任务的需要来组织教材内容。

（3）教材应体现通用性、实用性、先进性，要反映本专业的新技术、新知识，教学活动的选择和设计要科学、具体、可操作。

（4）教材文字表述要精练、准确，内容呈现应做到图文并茂，力求易学、易懂。

## 4.4 资源开发利用建议

（1）注重实训室、课堂配套练习题和实训教材的开发与应用。

（2）注重多媒体教学资源库、多媒体教学课件和多媒体仿真软件等现代化教学资源的开发与利用，努力实现跨学校多媒体资源的共享，以提高课程资源的利用率。

（3）积极开发和利用网络课程资源，充分利用电子书籍、电子期刊、数字图书馆、教育网站和电子论坛等网络信息资源。

（4）充分利用学校的实训设施设备，将教学与实训合一，满足学生综合职业能力培养的需要。

# "结构设计基础"课程标准

**课程名称**：结构设计基础

**课程代码**：072192

**学时**：70　**学分**：4　**理论学时**：34　**实训学时**：36　**考核方式**：随堂考试

**先修课程**：成衣基础工艺

**适用专业**：服装与服饰设计专业

**开课院系**：上海市群益职业技术学校服装与服饰设计专业教研室

**教材**：《服装结构制图（第6版）》（徐雅琴主编，高等教育出版社出版，2021年）

**主要参考书**：[1] 日本文化服装学院编. 裙子•裤子. 张祖芳，等译. 上海：东华大学出版社，2005.

[2] 吕学海. 服装结构制图. 北京：中国纺织出版社，2003.

## 1 课程性质及设计思路

### 1.1 课程性质

"结构设计基础"是服装与服饰设计专业的一门专业基础必修课程。本课程体现理论与实践一体化的教学思想，突出以能力为本位、以应用为目的的职业教育特色。本课程系统地讲述了服装结构设计的基础知识、国家标准、基本原理，详细讲述了基本款裙装、裤装及上衣的结构设计步骤、各部位的组合关系和变化规律。经过课堂辅导与训练，学生能具有裙装、裤装及上衣基本款结构设计的基本技能和解决实际问题的能力。

### 1.2 设计思路

本课程的总体设计思路是，坚持"做中学、做中教"，积极探索理论和实践相结合的教学模式，通过任务引领和裙装、裤装及上衣结构图制作等项目活动，引导学生通过学习过程的体验，提高学习兴趣，激发学习动力，让学生能了解服装结构设计的概念，裙装、裤装及上衣的分类，掌握裙装、裤装及上衣基本款的结构设计方法，具备能根据服装款式图转化为平面结构图的技能技巧，理解裙装、裤装及上衣的结构设计原理。在组织课堂教学时，应以立足于培养学生裙装、裤装及上衣结构图的绘制能力，用各种方式激励学生学习。建议用项目教学法进行教学。

课程内容选取裙装、裤装及上衣结构设计的基本款，紧紧围绕裙装、裤装及上衣结构设计的要点，学会根据服装裙装、裤装及上衣结构设计的实际应用方法，同时充分考虑本专业中职生对相关理论知识的理解层次，融入相应的理论知识，为学生今后在高职阶段的学习打下重要的基础。

课程内容组成，以裙装、裤装及上衣基本款结构设计为线索设计，包含服装结构设计概述、人体测量、裙装基本款结构设计、裤装基本款结构设计、上衣基本款结构设计5个工作任务。

本课程建议为70课时。

## 2 课程目标

### 2.1 能力目标

通过本课程的学习，学生能够运用服装结构设计的基础知识，掌握裙装、裤装及上衣基本款结构设计的基本理论及技能。

## 2.2 知识目标

了解服装结构设计的基础知识，了解裙装、裤装及上衣基本款结构设计的基本原理及其分类，掌握人体测量的基本方法，掌握人体体型与服装结构设计的关系。

## 2.3 素质目标

（1）具有热爱本职工作、爱岗敬业、乐于奉献的精神；

（2）具有进行裙装、裤装及上衣基本款结构设计的基本能力；

（3）培养学生积极思考、勇于探索的精神；

（4）具有团结协作精神。

## 3 课程内容与要求

表 1 课程内容与要求

| 任务序号 | 教学任务 | 活动内容 | 活动要求 | 活动设计建议 / 实训技能要点 | 参考课时 |
|---|---|---|---|---|---|
| 任务一 | 服装结构设计概述 | 1. 人体的结构特点。<br>2. 人体结构与服装的关系。<br>3. 制图主要部位的图线、符号及代号。<br>4. 号型标准。<br>5. 服装制图术语。<br>6. 服装制图线条的画法。<br>7. 制图工具的名称和使用方法。 | 1. 了解人体的结构特点。<br>2. 理解并掌握人体结构与服装的关系。<br>3. 熟记主要部位的图线、符号及代号。<br>4. 掌握国家、行业和企业的号型标准。<br>5. 熟记服装制图术语。<br>6. 灵活掌握服装制图线条的画法技巧。<br>7. 了解制图工具的名称及使用方法。 | 1. 通过图片和视频，让学生了解人体及人体结构与服装的关系。<br>2. 通过动画让学生掌握各主要部位的代号。<br>3. 让学生学会区分不同的号型标准。<br>实训项目：<br>1. 默写制图的符号、代号及服装术语。<br>2. 熟悉号型标准。<br>3. 准备制图的相关工具。 | 8 |
| 任务二 | 人体测量 | 1. 测量时的姿势。<br>2. 测量时的着装。<br>3. 测量方法。<br>4. 测量仪器的使用。<br>5. 规格的来源、构成及使用。 | 1. 掌握人体测量的正确姿势。<br>2. 根据被测者的着装控制测体的规格。<br>3. 掌握正确的测量方法。<br>4. 学会使用测量仪器。<br>5. 理解规格的来源、构成及使用。 | 1. 通过视频，让学生知晓正确的测量方法<br>2. 组织学生两人一组互测人体。<br>3. 教师辅导、示范并总结。<br>实训项目：<br>1. 两人一组互测人体。<br>2. 根据人体活动需要及服装款式要求，将测体的规格进行加放松量的练习。 | 4 |

表1（续）

| 任务序号 | 教学任务 | 活动内容 | 活动要求 | 活动设计建议/实训技能要点 | 参考课时 |
|---|---|---|---|---|---|
| 任务三 | 裙装基本款结构设计 | 1. 裙装的起源。<br>2. 裙装的发展。<br>3. 裙装的分类。<br>4. 裙装的功能性。<br>5. 裙装各部位线条名称。<br>6. 裙装基本款的结构设计。<br>7. 裙装结构线变化类型。 | 1. 了解裙装的概念、起源、发展和分类。<br>2. 熟记裙装各部位线条名称。<br>3. 学会并掌握裙装基本款的结构设计方法、步骤。<br>4. 学会裙装结构线变化方法。 | 1. 老师引导学生观察裙装的款式图。<br>2. 老师利用PPT课件讲解裙装的各部件线条名称。<br>3. 通过裙装实物让学生理解各部位的组合关系。<br>4. 教师分步演示裙装的绘制方法。<br>实训项目：<br>裙装基本款结构图绘制。 | 14 |
| 任务四 | 裤装基本款结构设计 | 1. 裤装的起源。<br>2. 裤装的发展。<br>3. 裤装的分类。<br>4. 裤装的功能性。<br>5. 裤装各部位线条名称。<br>6. 裤装基本款的结构设计。<br>7. 裤装结构线变化类型。 | 1. 了解裤子的概念、起源、发展和分类。<br>2. 熟记裤装各部位线条名称。<br>3. 学会并掌握裤装基本款的结构设计方法、步骤。<br>4. 学会裤装结构线变化方法。 | 1. 老师引导学生观察裤装的款式图。<br>2. 老师利用PPT课件讲解裤装的各部件线条名称。<br>3. 通过裤装实物让学生理解各部位的组合关系。<br>4. 教师分步演示裤装的绘制方法。<br>实训项目：<br>裤装基本款结构图绘制。 | 20 |
| 任务五 | 上衣基本款结构设计 | 1. 上衣基本款的发展。<br>2. 上衣基本款的分类。<br>3. 上衣基本款的功能性。<br>4. 上衣基本款各部位线条名称。<br>5. 上衣基本款的结构设计。 | 1. 了解上衣的概念、发展和分类。<br>2. 熟记上衣基本款各部位线条名称。<br>3. 学会并掌握上衣基本款的结构设计方法、步骤。<br>4. 学会上衣结构线变化方法。 | 1. 老师引导学生观察上衣基本款的款式图。<br>2. 老师利用PPT课件讲解上衣基本款的各部件线条名称。<br>3. 通过上衣基本款实物让学生理解各部位的组合关系。<br>4. 教师分步演示上衣基本款的绘制方法。<br>实训项目：<br>上衣基本款结构图绘制。 | 24 |

## 4 教学建议

在组织"结构设计基础"课程教学时，应立足于加强学生实际操作能力的培养，采用理论讲授法、项目教学法，结合学生分组训练、教师讲评等方式，提高学生的学习兴趣。

### 4.1 教学实施建议

（1）在教学过程中，应立足于加强学生实际操作能力的培养，采用任务引领、项目教学的方法，

提高学生的学习兴趣，激发学生的成就感。

（2）在教学过程中，有机结合教师示范和学生分组操作训练、学生提问和教师解答，通过"教"与"学"的师生互动，学生能熟悉掌握服装结构设计的应用技能，学会服装结构设计方法。

（3）在教学过程中，要创设工作情境，紧密结合本专业方向课程的要求，加强操作训练，使学生掌握服装结构设计的基本原理和构成方法，提高学生的动手和创新能力。

（4）在教学过程中，要充分运用实物、图片、多媒体等教学手段来直观演示教学内容。

（5）在教学过程中，要及时关注结构设计基础课程方面的新的发展趋势，为学生提供后续课程的发展空间，为努力培养学生的职业能力和创新精神打下良好的基础。

## 4.2 教学评价建议

（1）以学习目标为评价标准，采用阶段评价、目标评价、理论与实践一体化的的评价模式。

（2）关注评价的多元化，结合课堂提问、学生作业、平时测验、实验实训、技能竞赛及考试情况，综合评定学生成绩。

（3）应注重对学生的动手能力和在实践中分析、解决问题能力的考核，对在结构设计基础课程学习和应用上有创新的学生应给予特别鼓励，综合评价学生的能力。

## 4.3 教材编写建议

（1）依据本课程标准编写教材，且教材应充分体现任务引领、实践导向的课程设计思想。

（2）以"工作任务"为主线来设计教材，结合职业技能鉴定要求，以岗位需要为原则来确定教学内容，根据完成专业教学任务的需要来组织教材内容。

（3）教材应体现通用性、实用性、先进性，要反映本专业的新技术、新知识，教学活动的选择和设计要科学、具体、可操作。

（4）教材文字表述要精练、准确，内容呈现应做到图文并茂，力求易学、易懂。

## 4.5 资源开发利用建议

（1）注重实训室、课堂配套练习题和实训教材的开发与应用。

（2）注重多媒体教学资源库、多媒体教学课件和多媒体仿真软件等现代化教学资源的开发与利用，努力实现跨学校多媒体资源的共享，以提高课程资源的利用率。

（3）积极开发和利用网络课程资源，充分利用电子书籍、电子期刊、数字图书馆、教育网站和电子论坛等网络信息资源。

（4）充分利用学校的实训设施设备，将教学与实训合一，满足学生综合职业能力培养的需要。

# "服装设备概论" 课程标准

**课程名称**：服装设备概论

**课程代码**：072211

**学时**：18    **学分**：1    **理论学时**：6    **实训学时**：12    **考核方式**：随堂考试

**先修课程**：无

**适用专业**：服装与服饰设计专业

**开课院系**：上海市群益职业技术学校服装与服饰设计专业教研室

**教材**：《服装设备及其运用》（汪建英编著 . 浙江大学出版社，2013 年）

**主要参考书**：[1] 孔令榜，李勇 . 服装设备使用与维修 . 北京：中国轻工业出版社，2013.

[2] 姜蕾 . 服装生产工艺与设备 . 北京：中国纺织出版社，2008.

## 1 课程性质及设计思路

### 1.1 课程性质

"服装设备概论"是服装与服饰设计专业的一门专业基础必修课程，也是本专业的入门课程。本课程体现理论与实践一体化的教学思想，突出以能力为本位、以应用为目的的职业教育特色。本课程系统地讲述服装设备的基础知识，详细讲述平缝机、包缝机及熨斗等服装设备的构造及使用方法。经过学习与实践，学生能具有服装设备使用必备的基础知识和基本技能及解决实际问题的能力。

### 1.2 设计思路

本课程的总体设计思路是，坚持"做中学、做中教"，积极探索理论和实践相结合的教学模式，通过任务引领和服装设备中工业用平缝机、包缝机及熨斗的认识与使用等项目活动，引导学生通过学习过程的体验，提高学习兴趣，激发学习动力，让学生能了解服装设备的概念、缝纫机、包缝机及熨斗的构造原理，掌握缝纫机、包缝机及熨斗的使用方法，具备能根据所学的服装设备的原理，正确使用服装设备。在组织课堂教学时，应以立足于培养学生正确使用、维修和保养服装设备的能力，用各种方式激励学生学习。建议用项目教学法进行教学。

课程内容选取服装常用设备的深入介绍和发展中设备的简单介绍，紧紧围绕缝纫机、包缝机及熨斗的使用、维修和保养要点，使学生学会服装设备的实际应用方法，同时充分考虑本专业中职生对相关理论知识的理解层次，融入相应的理论知识，为学生今后在高职阶段的学习打下重要的基础。

课程内容组成，以服装常用设备的介绍和使用为线索设计，包含服装设备概述、工业用设备简介、工业平缝机操作与实践、包缝机操作与实践、熨斗操作与实践 5 个工作任务。

本课程建议为 18 课时。

## 2 课程目标

### 2.1 能力目标

通过本课程的学习，学生能够运用服装设备的基础知识，掌握服装设备的基本理论及技能。

### 2.2 知识目标

了解服装设备的基础知识，了解工业用平缝机、包缝机及熨斗的构造原理，掌握服装设备的使用、维修及保养知识。

### 2.3 素质目标

（1）具有热爱本职工作、爱岗敬业、乐于奉献的精神；

（2）具有操作常用服装设备的基本能力；

（3）培养学生积极思考、勇于探索的精神；

（4）具有团结协作精神。

## 3 课程内容与要求

表 1 课程内容与要求

| 任务序号 | 教学任务 | 活动内容 | 活动要求 | 活动设计建议 /实训技能要点 | 参考课时 |
|---|---|---|---|---|---|
| 任务一 | 服装设备概述 | 1.服装设备发展概况。2.服装设备的种类。3.服装设备的用途。 | 1.了解服装设备的发展概况。2.知晓服装设备的种类。3.知晓服装设备的用途。 | 通过 PPT 课件和视频，让学生了解服装设备的发展概况、服装设备的种类及用途。 | 2 |
| 任务二 | 工业用设备简介 | 1.服装裁剪设备的功能。2.针织服装设备的使用方法。 | 1.了解直刀电裁机、切布机、定位灯、拉布机、钻孔机、自动切割机等裁剪设备的基本结构和功能。2.了解服装针织设备的种类和使用方法。 | 1.通过 PPT 课件和视频，教师讲解裁剪设备、针织服装设备的种类及用途。2.让学生上网查询其他缝纫机设备。 | 2 |
| 任务三 | 工业用平缝机操作实践 | 1.缝纫机机型、常用名词和术语。2.不同的机针型号，常用术语。3.工业用平缝缝纫机的构造、线迹形成原理。4.各种线迹故障的调整原理和方法。5.缝纫机的维修与保养。 | 1.学会缝针的选择和安装。2.学会正确穿针和引线的方法。3.学会线迹长度和宽度调节。4.识记缝纫机各部位名称。5.掌握并运用缝纫机常见故障的维修方法。6.能进行缝纫机的正确使用。7.掌握缝纫机各部位的调整方法。8.了解缝纫机的维修与保养方法。 | 1.通过 PPT 课件和视频，教师讲解工业用平缝机的工作流程。2.以工业用平缝机实物为教具，教师进行示范操作。实训项目：在平缝机上进行实际操作。 | 8 |
| 任务四 | 包缝机操作实践 | 1.包缝机的形成原理。2.常见的调节方法。3.简单的故障维修方法。4.包缝机的保养方法。 | 1.学会包缝机线迹长度和宽度调节。2.能进行各种不良线迹的调整。3.掌握保养方法。4.能进行简单的故障维修。5.掌握包缝机的保养方法。 | 1.通过 PPT 课件和视频，教师讲解工业用包缝机的工作流程。2.以工业用包缝机实物为教具，教师进行示范操作。实训项目：在包缝机上进行实际操作。 | 4 |
| 任务五 | 熨斗操作实践 | 1.熨斗的构造原理。2.熨斗的正确使用方法。 | 1.了解熨斗的构造。2.正确识别熨斗的标记。3.注意安全用电常识。4.能灵活掌握各种熨斗的使用方法及温度的控制。 | 1.通过 PPT 课件和视频，教师讲解熨斗的工作流程。2.以熨斗实物为教具，教师进行示范操作。实训项目：在熨斗上进行实际操作。 | Q |

## 4　教学建议

在组织"服装设备概论"课程教学时，应立足于加强学生实际操作能力的培养，采用理论讲授法、项目教学法，结合学生分组训练、教师讲评等方式，提高学生的学习兴趣。

### 4.1　教学实施建议

（1）在教学过程中，应立足于加强学生实际操作能力的培养，采用任务引领、项目教学的方法，提高学生的学习兴趣，激发学生的成就感。

（2）在教学过程中，有机结合教师示范和学生分组操作训练、学生提问和教师解答，通过"教"与"学"的师生互动，学生能熟悉掌握服装设备的应用技能，学会服装设备的使用方法。

（3）在教学过程中，要创设工作情境，紧密结合本专业方向课程的要求，加强操作训练，使学生掌握服装设备的基本原理和使用方法，提高学生的动手和创新能力。

（4）在教学过程中，要充分运用实物、图片、多媒体等教学手段来直观演示教学内容。

（5）在教学过程中，要及时关注服装设备概论课程方面的新的发展趋势，为学生提供后续课程的发展空间，为努力培养学生的职业能力和创新精神打下良好的基础。

### 4.2　教学评价建议

（1）以学习目标为评价标准，采用阶段评价、目标评价、理论与实践一体化的的评价模式。

（2）关注评价的多元化，结合课堂提问、学生作业、平时测验、实验实训、技能竞赛及考试情况，综合评定学生成绩。

（3）应注重对学生的动手能力和在实践中分析、解决问题能力的考核，对在服装设备概论课程学习和应用上有创新的学生应给予特别鼓励，综合评价学生的能力。

### 4.3　教材编写建议

（1）依据本课程标准编写教材，且教材应充分体现任务引领、实践导向的课程设计思想。

（2）以"工作任务"为主线来设计教材，结合职业技能鉴定要求，以岗位需要为原则来确定教学内容，根据完成专业教学任务的需要来组织教材内容。

（3）教材应体现通用性、实用性、先进性，要反映本专业的新技术、新知识，教学活动的选择和设计要科学、具体、可操作。

（4）教材文字表述要精练、准确，内容呈现应做到图文并茂，力求易学、易懂。

### 4.4　资源开发利用建议

（1）注重实训室、课堂配套练习题和实训教材的开发与应用。

（2）注重多媒体教学资源库、多媒体教学课件和多媒体仿真软件等现代化教学资源的开发与利用，努力实现跨学校多媒体资源的共享，以提高课程资源的利用率。

（3）积极开发和利用网络课程资源，充分利用电子书籍、电子期刊、数字图书馆、教育网站和电子论坛等网络信息资源。

（4）充分利用学校的实训设施设备，将教学与实训合一，满足学生综合职业能力培养的需要。

# "构成原理"课程标准

**课程名称：**构成原理

**课程代码：**072222

**学时：**51　**学分：**3　**理论学时：**17　**实训学时：**34　**考核方式：**随堂考试

**先修课程：**素描基础、色彩基础

**适用专业：**服装与服饰设计专业

**开课院系：**上海市群益职业技术学校服装与服饰设计专业教研室

**教材：**《构成艺术及实训》（王延丽编著，北京工艺美术出版社，2015年）

**主要参考书：**[1] 陈祖展.立体构成.北京：清华大学出版社，2016.

　　　　　　　[2] 吴艺华.设计构成.北京：清华大学出版社，2014.

　　　　　　　[3] 刘宁.立体构成基础与应用.北京：化学工业出版社，2012.

## 1　课程性质及设计思路

### 1.1 课程性质

"构成原理"是服装与服饰设计专业的一门专业基础必修课程。本课程针对专业方向的需要，在教学过程中让学生掌握平面和立体构成设计中的形式美法则、布局、色彩运用等基本知识和方法，具备平面、色彩、空间及立体形态等单项或综合设计的基本技能，增强构成艺术设计的创造性思维能力。经过课堂辅导和训练，使学生为后续课程学习及将来从事相应岗位的工作打下良好的理论和技能基础。

### 1.2 设计思路

本课程的总体设计思路是，在课堂教学中先向学生讲授平面和立体构成设计中的形式美法则、布局、色彩运用等方面的基本知识和方法，同时通过技能培养并重的方法（例如案例实训、教师示范、学生实践），培养学生在平面、色彩、空间及立体形态等单项或综合设计的基本技能，增强艺术设计的创造性思维能力。

为提高教学效果，把课程分为3个模块，并制定其相应的需培养的能力和评价方法。围绕每一个模块中学生需达到的能力，制定实践教学环节以及包含的几项具有内在联系的设计课题，且每一项设计课题都把理论知识、实践知识、职业态度等内容融合为一体，形成各自相对完整的系统。依据学生对每一项设计课题的完成情况来对学生进行考核评价。本课程包含了构成概述、平面构成形式、色彩构成形式、立体构成形式、三大构成在设计中的应用、构成作品创作6个工作任务。

本课程建议为51课时。

## 2　课程目标

通过本课程的知识学习和技能培训，使学生了解美的形式法则、色彩的搭配关系、空间及立体形态的构成方法，能够根据设计课题要求进行创新设计。具体目标如下。

### 2.1 能力目标

（1）能按照设计课题的要求，对设计课题进行从二维平面形象到三维空间形态的全面创新设计；

（2）能对设计项目进行版式设计，并进行符合设计主题的色彩设计；

（3）具备完成具体设计项目的信息交流和沟通能力。

### 2.2 知识目标

（1）掌握现代构成设计的概念、分类及形式美法则；

（2）了解色彩的成因，并懂得运用色彩的基本知识进行设计；

（3）了解立体构成中的形状包括哪些要素以及立体构成中材料的种类，掌握立体构成的技法。

### 2.3 素质目标

（1）具有热爱本职工作、爱岗敬业、乐于奉献的精神；

（2）具有进行排版、色彩搭配时的逻辑思维能力；

（3）形成对设计作品检查与评价、解决复杂问题的分析判断能力；

（4）具有完成大型设计项目时的团结协作精神。

## 3　课程内容与要求

**表 1 课程内容与要求**

| 任务序号 | 教学任务 | 活动内容 | 活动要求 | 活动设计建议 /<br>实训技能要点 | 参考课时 |
|---|---|---|---|---|---|
| 任务一 | 构成概述 | 1. 构成的形式美法则。<br>2. 平面构成的概述。<br>3. 平面构成的基本形式。 | 1. 熟悉三大构成的概念。<br>2. 掌握三大构成的形式美法则。<br>3. 了解平面构成概念。<br>4. 掌握点、线、面的构成设计。 | 建议通过丰富多彩的范例图片引起学生的兴趣。 | 3 |
| 任务二 | 平面构成形式 | 1. 秩序构成。<br>2. 非秩序构成。<br>3. 综合练习。 | 1. 理解什么是秩序构成。<br>2. 掌握什么是非秩序构成。<br>3. 实训练习掌握构成形式。 | 1. 实训：分别以密集、特异、肌理、对比、发射构成形式完成构成设计。作业规格：20cm×20cm。<br>2. 教师采用整体教学和分组教学相结合，进行分析、讲解、示范、修改。 | 10 |
| 任务三 | 色彩构成形式 | 1. 熟悉色彩的成因。<br>2. 掌握色彩视觉生理特征。<br>3. 学习色彩的分类。<br>4. 色彩的三要素。<br>5. 色彩混合。<br>6. 色彩特性。 | 1. 学会分析色彩的成因。<br>2. 了解色彩的心理特征。<br>3. 了解色彩的分类。<br>4. 掌握空间混合方法，做色彩构成设计（加色混合、减色混合、中性混合）。<br>5. 色彩对比。<br>6. 色彩调和。<br>7. 色彩对比与调和在设计中的应用。 | 1. 实训：用色彩技法分别完成色彩的纯度和明度对比练习。<br>2. 实训：用空间混合方法做色彩构成设计。<br>3. 实训：掌握色彩对比与色彩调和在艺术设计中的实际作用。作业规格：20cm×20cm。 | 10 |

表1（续）

| 任务序号 | 教学任务 | 活动内容 | 活动要求 | 活动设计建议 / 实训技能要点 | 参考课时 |
|---|---|---|---|---|---|
| 任务四 | 立体构成形式 | 1. 立体构成的概念、特点。<br>2. 立体构成的要素。<br>3. 立体构成的表现。 | 1. 形状、色彩、肌理、空间、材料。<br>2. 线立体。<br>3. 面立体。<br>4. 块立体。 | 1. 掌握立体构成的概念、特点以及构成要素。<br>2. 熟悉半立体和立体构成。<br>3. 实训：使用软质线材和硬质线材做构成设计练习。完成面材的立体构成设计和块材的立体构成设计。<br>4. 教师采用整体教学和分组教学相结合，进行分析、讲解、示范、修改。 | 10 |
| 任务五 | 三大构成在设计中的应用 | 1. 平面构成的应用。<br>2. 色彩构成的应用。<br>3. 立体构成的应用。 | 1. 掌握三大构成在设计中的应用。<br>2. 学会借鉴并迁移到服装制作中。 | 在讲述立体构成在不同领域的应用的基础上，要求学生掌握其运用规律，较好地把握设计的原则，培养学生的艺术感受能力、造型能力，立体感觉等综合的艺术修养与能力。 | 8 |
| 任务六 | 构成作品创作 | 1. 分组设计主题。<br>2. 主题分享，思维碰撞。<br>3. 一对一地进行细节方面的指导。 | 1. 明确设计步骤。<br>2. 抓住表现特点。<br>3. 学会细节的观察与表现。 | 此任务锻炼学生的合作能力和创新能力，需要教师从中不断地修正和帮助。 | 10 |

## 4 教学建议

在组织"构成原理"课程教学时，应以立足于培养学生的岗位职业能力，结合服装设计中平面、色彩、立体等多方面的细节要求，开拓思维，激发创新能力。

### 4.1 教学实施建议

（1）在教学过程中，应立足于加强学生实际操作能力的培养，采用任务引领、项目教学的方法，提高学生的学习兴趣，激发学生的成就感。

（2）在教学过程中，教师示范和学生分组操作训练、学生提问和教师解答相结合，通过"教"与"学"的师生互动，学生能熟悉掌握构成表现基本技能，学会构成艺术设计的表现方法。

（3）在教学过程中，要创设工作情境，紧密结合本专业方向课程的要求，加强操作训练，使学生掌握构成艺术设计的操作技能和要求，提高学生的动手和创新能力。

（4）在教学过程中，要充分运用实物、图片、多媒体等教学手段来直观演示教学内容。

（5）在教学过程中，要及时关注构成原理课程方面的新的发展趋势，为学生提供后续课程的发展空间，为努力培养学生的职业能力和创新精神打下良好的基础。

### 4.2 教学评价建议

（1）以学习目标为评价标准，采用阶段评价、目标评价、理论与实践一体化的的评价模式。

（2）关注评价的多元化，结合课堂提问、学生作业、平时测验、实验实训、技能竞赛及考试情况，综合评定学生成绩。

（3）应注重对学生的动手能力和在实践中分析、解决问题能力的考核，对在构成原理课程学习和应用上有创新的学生应给予特别鼓励，综合评价学生的能力。

### 4.3 教材编写建议

（1）依据本课程标准编写教材，且教材应充分体现任务引领、实践导向的课程设计思想。

（2）以"工作任务"为主线来设计教材，结合职业技能鉴定要求，以岗位需要为原则来确定教学内容，根据完成专业教学任务的需要来组织教材内容。

（3）教材应体现通用性、实用性、先进性，要反映本专业的新技术、新知识，教学活动的选择和设计要科学、具体、可操作。

（4）教材文字表述要精练、准确，内容呈现应做到图文并茂，力求易学、易懂。

### 4.4 资源开发利用建议

（1）注重实训室、课堂配套练习题和实训教材的开发与应用。

（2）注重多媒体教学资源库、多媒体教学课件和多媒体仿真软件等现代化教学资源的开发与利用，努力实现跨学校多媒体资源的共享，以提高课程资源的利用率。

（3）积极开发和利用网络课程资源，充分利用电子书籍、电子期刊、数字图书馆、教育网站和电子论坛等网络信息资源。

（4）充分利用学校的实训设施设备，将教学与实训合一，满足学生综合职业能力培养的需要。

# "服装材料基础"课程标准

**课程名称：**服装材料基础

**课程代码：**072232

**学时：**34  **学分：**2   **理论学时：**24  **实训学时：**10  **考核方式：**随堂考试

**先修课程：** 无

**适用专业：**服装与服饰设计专业

**开课院系：**上海市群益职业技术学校服装与服饰设计专业教研室

**教材：**《服装材料应用》（陈洁、濮微编著，学林出版社，2019 年）

**主要参考书：**[1] 濮微 . 服装面料与辅料 . 北京：中国纺织出版社，2015.

[2] 许淑燕 . 服装材料与应用 . 上海：东华大学出版社，2013.

[3] 杨静 . 服装材料学 . 北京：高等教育出版社，2007.

## 1 课程性质及设计思路

### 1.1 课程性质

"服装材料基础"是服装与服饰设计专业的一门专业基础必修课程，是本专业的入门课程。本课程针对专业方向的需要，在教学过程中系统地讲述服装材料的基础知识、服装材料与服装设计的关系、服装材料的发展趋势等，详细讲述服装材料的分类、性能及质地等，能运用服装材料的鉴别方法，学会识别各类服装材料。经过课堂辅导和训练，使学生能运用所学的服装材料知识，提高解决实际问题的能力。

### 1.2 设计思路

本课程的总体设计思路是，坚持"做中学、做中教"，积极探索理论和实践相结合的教学模式，通过任务引领和面料成份、性能的识别等项目活动，引导学生通过学习过程的体验，提高学习兴趣，激发学习动力，使学生了解服装材料的概念、分类，掌握服装织物结构，识别织物成分，具备能根据服装设计意图来选择、搭配面料的技能技巧，理解服装材料对服装造型及风格的影响。在组织课堂教学时，应以立足于培养学生的鉴别能力，用各种方式激励学生学习。建议用项目教学法进行教学。

课程内容的选取，应根据不同风格的服装特点与材料选择进行归纳与分析，紧紧围绕服装材料的实用性，学会根据服装的设计风格来选择服装材料，并进行组合与搭配，同时充分考虑本专业中职生对相关理论知识的理解层次，融入相应的理论知识，掌握服装材料艺术设计的技法，为学生今后从事服装与服饰设计方面的工作打下重要的基础。

课程内容组成，以服装的设计风格选择服装材料为线索设计，包含了解服装材料、选择服装材料、应用服装材料、设计服装材料 4 个工作任务。

本课程建议为 34 课时。

## 2 课程目标

### 2.1 能力目标

通过本课程的学习，学生能够区分各类服装按使用场合分类，具备能根据服装设计意图来选择、搭配面料的技能技巧，理解服装材料对服装造型及风格的影响。

### 2.2 知识目标

了解服装材料的概念、分类，掌握服装织物结构，能识别织物成分，掌握服装面料和辅料的种类及应用，掌握常用面料的鉴别与保养知识。

### 2.3 素质目标

（1）具有热爱本职工作、爱岗敬业、乐于奉献的精神；

（2）具有进行服装材料选择的基本能力；

（3）培养学生积极思考、勇于探索的精神；

（4）具有团结协作精神。

## 3　课程内容与要求

**表 1 课程内容与要求**

| 任务序号 | 教学任务 | 活动内容 | 活动要求 | 活动设计建议 /<br>实训技能要点 | 参考课时 |
|---|---|---|---|---|---|
| 任务一 | 了解服装材料 | 1. 服装材料的概述。<br>2. 服装材料的分类及质地性能。<br>3. 服装材料的发展趋势。 | 1. 了解服装材料的概念、发展历史。<br>2. 掌握服装材料的分类及质地性能。<br>3. 了解服装材料与新型服装材料的发展趋势。 | 1. 利用 PPT 课件，教师进行服装材料概述的讲授。<br>2. 学生进行资料收集。<br>3. 教师进行服装材料分类及发展趋势的讲授。<br>4. 学生分组进行服装材料市场的调研，撰写调研报告。 | 4 |
| 任务二 | 选择服装材料 | 1. 服装面料的选择。<br>2. 服装辅料的选择。 | 1. 掌握服装面料及辅料的基本概念、分类。<br>2. 掌握服装面料及辅料的品种与选用原则。<br>3. 能够根据服装的设计风格来选择适合的服装面料及辅料，并进行组合与搭配。 | 1. 教师对服装面料的种类、性能、用途以及选用原则进行讲授。<br>2. 通过作业训练、面料样品分析掌握相关知识和技能。<br>3. 根据教师提供的不同服装风格，收集市场上常见的服装面料，为服装效果图选择服装面料。<br>4. 按照教师指定的服装面料，为一套装选择服装辅料。 | 10 |
| 任务三 | 应用服装材料 | 1. 常见服装品种与材料的应用。<br>2. 服装材料的洗涤与保管。<br>3. 不同场景的服装材料应用。 | 1. 掌握常见服装品种与材料的选配原则。<br>2. 能够根据常见服装品种进行面、辅料的选择与搭配。<br>3. 掌握不同服装材料的洗涤与保管的相关知识。<br>4. 能够根据服装材料的种类进行正确的洗涤与保管。<br>5. 掌握不同场景的服装分类。<br>6. 能根据不同场景的服装功能性进行合理应用服装材料。 | 1. 教师对常见服装品种与材料的选用等相关知识进行讲授。<br>2. 学生通过作业训练，为一款春季女式套装选配面料。<br>3. 进行分组训练，课堂讨论服装污渍去除的方法。<br>4. 区别不同场景服装的分类。<br>5. 学生根据不同服装分类进行服装材料的搭配，并分析其面、辅料特点。<br>6. 教师归纳与点评。 | 10 |

表 1（续）

| 任务序号 | 教学任务 | 活动内容 | 活动要求 | 活动设计建议/实训技能要点 | 参考课时 |
|---|---|---|---|---|---|
| 任务四 | 设计服装材料 | 1. 市场调研。<br>2. 服装材料设计概述。<br>3. 服装材料设计过程。 | 1. 搜集与整理服装材料小样。<br>2. 制作服装材料样本。<br>3. 归纳与整理服装和材料的关系。<br>4. 掌握服装材料的设计方法。<br>5. 能够根据服装材料的原有风格与特征，运用艺术设计的方法进行材料的再设计。<br>6. 运用 5 种服装材料艺术的方法进行服装材料艺术设计。 | 1. 组织学生借助杂志或网络搜集服装效果图。<br>2. 组织学生到服装面料市场调研并搜集面料小样。<br>3. 写出考察体验总结。<br>4. 根据系列服装款式风格及搜集的相关面辅料小样，设计与之合理匹配的服装材料。<br>5. 作品展示与交流。<br>6. 教师讲评。 | 10 |

## 4 教学建议

在组织"服装材料应用"课程教学时，应立足于加强学生实际操作能力的培养，采用理论讲授法、项目教学法，结合学生分组训练、服装材料市场调研、企业参观交流、教师讲评等方法，提高学生的学习兴趣。

### 4.1 教学实施建议

（1）在教学过程中，应立足于加强学生实际操作能力的培养，采用任务引领、项目教学的方法，提高学生的学习兴趣，激发学生的成就感。

（2）在教学过程中，有机结合教师示范和学生分组操作训练、学生提问和教师解答，通过"教"与"学"的师生互动，学生能熟悉掌握服装材料的应用技能，学会服装材料的鉴别方法。

（3）在教学过程中，要创设工作情境，紧密结合本专业方向课程的要求，加强操作训练，使学生掌握根据服装款式和穿着季节等合理选择适当的服装材料，提高学生的动手和创新能力。

（4）在教学过程中，要充分运用实物、图片、多媒体等教学手段来直观演示教学内容。

（5）在教学过程中，要及时关注服装材料基础课程方面的新的发展趋势，为学生提供后续课程的发展空间，为努力培养学生的职业能力和创新精神打下良好的基础。

### 4.2 教学评价建议

（1）以学习目标为评价标准，采用阶段评价、目标评价、理论与实践一体化的的评价模式。

（2）关注评价的多元化，结合课堂提问、学生作业、平时测验、实验实训、技能竞赛及考试情况，综合评定学生成绩。

（3）应注重对学生的动手能力和在实践中分析、解决问题能力的考核，对在服装材料基础课程学习和应用上有创新的学生应给予特别鼓励，综合评价学生的能力。

### 4.3 教材编写建议

（1）依据本课程标准编写教材，且教材应充分体现任务引领、实践导向的课程设计思想。

（2）以"工作任务"为主线来设计教材，结合职业技能鉴定要求，以岗位需要为原则来确定教学内容，根据完成专业教学任务的需要来组织教材内容。

（3）教材应体现通用性、实用性、先进性，要反映本专业的新技术、新知识，教学活动的选择和设计要科学、具体、可操作。

（4）教材文字表述要精练、准确，内容呈现应做到图文并茂，力求易学、易懂。

## 4.4 资源开发利用建议

（1）注重实训室、课堂配套练习题和实训教材的开发与应用。

（2）注重多媒体教学资源库、多媒体教学课件和多媒体仿真软件等现代化教学资源的开发与利用，努力实现跨学校多媒体资源的共享，以提高课程资源的利用率。

（3）积极开发和利用网络课程资源，充分利用电子书籍、电子期刊、数字图书馆、教育网站和电子论坛等网络信息资源。

（4）充分利用学校的实训设施设备，将教学与实训合一，满足学生综合职业能力培养的需要。

# "服装与服饰设计概论" 课程标准

**课程名称：** 服装与服饰设计概论

**课程代码：** 072201

**学时：** 17　**学分：** 1　**理论学时：** 10　**实训学时：** 7　**考核方式：** 随堂考试

**先修课程：** 素描基础、色彩基础、构成原理、服装画技法

**适用专业：** 服装与服饰设计专业

**开课院系：** 上海市群益职业技术学校服装与服饰设计专业教研室

**教材：** 《服装学概论（第2版）》（包昌法编著，中国纺织出版社，2012年）

**主要参考书：** [1] 于强.服装设计概论.重庆：西南师范大学出版社，2008.

[2] 刘晓刚.服装设计概论.上海：东华大学出版社，2008.

[3] 杜莹.服饰设计.济南：山东美术出版社，2009.

## 1 课程性质及设计思路

### 1.1 课程性质

"服装与服饰设计概论"是服装与服饰设计专业的一门专业基础必修课程。本课程针对专业方向的需要，在教学过程中让学生了解服装与服饰设计的基础知识，了解服装与服饰设计的内容，掌握服装与服饰设计的表现方法，以及学会服装与服饰设计的思维方法。经过课堂辅导和训练，使学生为后续课程学习及将来从事相应岗位的工作打下良好的理论和技能基础。

### 1.2 设计思路

本课程的总体设计思路是，坚持"做中学、做中教"，积极探索理论和实践相结合的教学模式，通过任务引领和服装与服饰设计的方法等项目活动，引导学生通过学习过程的体验，提高学习兴趣，激发学习动力，让学生能了解服装与服饰设计的概念，掌握服装与服饰设计方法，具备能根据服装与服饰设计方法来理解服装与服饰设计原理。在组织课堂教学时，应立足于培养学生服装与服饰设计的应用能力，利用各种方式激励学生学习。建议用项目教学法进行教学。

课程内容选取服装与服饰设计的基础理论，紧紧围绕服装与服饰设计的要点，让学生学会服装与服饰设计的实际应用方法，同时充分考虑本专业中职生对相关理论知识的理解层次，融入相应的理论知识，为学生今后在高职阶段的学习打下重要的基础。

课程内容组成，以服装与服饰设计的基础理论为线索设计，包含服装与服饰设计概述、服装与服饰设计的内涵和资源、服装与服饰设计的内容、服装与服饰设计的思维4个工作任务。

本课程建议为17课时。

## 2 课程目标

### 2.1 能力目标

通过本课程的学习，学生能够运用服装与服饰设计的基础知识，掌握服装与服饰设计的基本理论及技能。

### 2.2 知识目标

了解服装与服饰设计的基础知识、基本原理，掌握服装与服饰设计的基本方法。

### 2.3 素质目标

（1）具有热爱本职工作、爱岗敬业、乐于奉献的精神；

（2）具有进行初步的服装与服饰设计的基本能力；

（3）培养学生积极思考、勇于探索的精神；

（4）具有团结协作精神。

## 3 课程内容与要求

表 1 课程内容与要求

| 任务序号 | 教学任务 | 活动内容 | 活动要求 | 活动设计建议 /实训技能要点 | 参考课时 |
|---|---|---|---|---|---|
| 任务一 | 服装与服饰设计概述 | 1. 服饰的起源。<br>2. 服饰的分类。<br>3. 服饰的功能。 | 1. 理解服饰起源学说。<br>2. 掌握服装学的定义。<br>3. 掌握服装学的广义和狭义两种定义。<br>4. 理解服饰中物理功能与社会功能的区别。 | 建议通过丰富多彩的范例图片引起学生的兴趣。 | 2 |
| 任务二 | 服装与服饰设计的内涵和资源 | 1. 服装与服饰设计的概念<br>2. 服装与服饰设计的基本设计要素。<br>3. 服饰设计中物力、人力与市场资源。 | 1. 理解服饰设计应包含服装和服装配饰两部分。<br>2. 掌握"设计"一词，包含设计意图、设计图、构思方案、企划等众多含义。<br>3. 了解服饰设计中物力资源的类型。<br>4. 了解服饰设计中人力资源的类型。<br>5. 了解服饰设计中市场资源的类型。 | 1. 建议通过丰富多彩的范例图片引起学生的兴趣。<br>2. 要求学生了解现代意义上的服饰设计，以人作为根本出发点，以流行作为设计的参照体系，以社会认可作为设计成功与否的评判标准。 | 3 |
| 任务三 | 服装与服饰设计的内容 | 1. 服饰的造型设计。<br>2. 服饰的色彩设计。<br>3. 服饰的面料和辅料设计。<br>4. 服饰的结构与工艺设计。 | 1. 了解造型设计的定义、分类、原则和应用。<br>2. 了解色彩设计的定义、分类、原则和应用。<br>3. 了解面料设计的定义、分类、原则和应用。<br>4. 了解辅料设计的定义、分类、原则和应用。<br>5. 了解结构设计的定义、分类、原则和应用。<br>6. 了解工艺设计的定义、分类、原则和应用。 | 1. 建议通过丰富多彩的范例图片引起学生的兴趣。<br>2. 要求学生理解，服饰设计作为实用设计具备观赏性和实用性统一（美与用的结合）的特性。<br>3. 学生分组学习。 | 8 |
| 任务四 | 服装与服饰设计的思维 | 1. 服饰设计思维的定义与特点。<br>2. 服饰设计思维的形式和类型。<br>3. 服饰设计思维的具体应用。 | 1. 了解设计思维的主体、对象和方式。<br>2. 了解设计思维的跃进性、独创性、已读性和同构性。<br>3. 了解设计思维的形式类型，理解发散性思维的特征与应用。<br>4. 理解发散思维、收敛思维、逆向思维、联想思维以及模糊思维的具体应用。 | 1. 观看女装流行发布会视频。<br>2. 搜集优秀设计照片，分析设计思维的运用。<br>3. 教师带领学生进行市场调研，了解知名品牌的市场卖点，撰写调研报告。 | 4 |

## 4 教学建议

在组织"服装与服饰设计概论"课程教学时,应立足于加强学生实际操作能力的培养,采用理论讲授法、项目教学法,结合学生分组训练、教师讲评等方式,提高学生的学习兴趣。

### 4.1 教学实施建议

(1)在教学过程中,应立足于加强学生实际操作能力的培养,采用任务引领、项目教学的方法,提高学生的学习兴趣,激发学生的成就感。

(2)在教学过程中,有机结合教师示范和学生分组操作训练、学生提问和教师解答,通过"教"与"学"的师生互动,学生能熟悉服装与服饰设计的基本原理,学会服装与服饰设计的方法。

(3)在教学过程中,要创设工作情境,紧密结合本专业方向课程的要求,加强操作训练,使学生掌握服装与服饰设计的基本原理和使用方法,提高学生的动手和创新能力。

(4)在教学过程中,要充分运用实物、图片、多媒体等教学手段来直观演示教学内容。

(5)在教学过程中,要及时关注服装与服饰设计概论课程方面的新的发展趋势,为学生提供后续课程的发展空间,为努力培养学生的职业能力和创新精神打下良好的基础。

### 4.2 教学评价建议

(1)以学习目标为评价标准,采用阶段评价、目标评价、理论与实践一体化的的评价模式。

(2)关注评价的多元化,结合课堂提问、学生作业、平时测验、实验实训、技能竞赛及考试情况,综合评定学生成绩。

(3)应注重对学生的动手能力和在实践中分析、解决问题能力的考核,对在服装与服饰设计概论课程学习和应用上有创新的学生应给予特别鼓励,综合评价学生的能力。

### 4.3 教材编写建议

(1)依据本课程标准编写教材,且教材应充分体现任务引领、实践导向的课程设计思想。

(2)以"工作任务"为主线来设计教材,结合职业技能鉴定要求,以岗位需要为原则来确定教学内容,根据完成专业教学任务的需要来组织教材内容。

(3)教材应体现通用性、实用性、先进性,要反映本专业的新技术、新知识,教学活动的选择和设计要科学、具体、可操作。

(4)教材文字表述要精练、准确,内容呈现应做到图文并茂,力求易学、易懂。

### 4.4 资源开发利用建议

(1)注重实训室、课堂配套练习题和实训教材的开发与应用。

(2)注重多媒体教学资源库、多媒体教学课件和多媒体仿真软件等现代化教学资源的开发与利用,努力实现跨学校多媒体资源的共享,以提高课程资源的利用率。

(3)积极开发和利用网络课程资源,充分利用电子书籍、电子期刊、数字图书馆、教育网站和电子论坛等网络信息资源。

(4)充分利用学校的实训设施设备,将教学与实训合一,满足学生综合职业能力培养的需要。

# "计算机辅助设计（1）"课程标准

**课程名称：**计算机辅助设计（1）

**课程代码：**072262

**学时：**110　**学分：**7　**理论学时：**54　**实训学时：**56　**考核方式：**随堂考试

**先修课程：**素描、色彩、构成原理、时装画技法、计算机应用基础

**适用专业：**服装与服饰设计专业

**开课院系：**上海市群益职业技术学校服装与服饰设计专业教研室

**教材：**《Photoshop 经典案例教程》（李满编著，北京交通大学出版社，2010 年）

**主要参考书：**[1] 丁雯．CorelDRAW X5 服装设计标准教程．北京：人民邮电出版社，2012.

[2] 石历丽．服装款式设计 1688 例．北京：中国纺织出版社，2013.

[3] 孙琰．服装款式设计技法速成．北京：化学工业出版社，2015.

## 1　课程性质及设计思路

### 1.1 课程性质

"计算机辅助设计（1）"是服装与服饰设计专业的一门专业基础必修课程。本课程体现理论与实践一体化的教学思想，突出以能力为本位、以应用为目的的职业教育特色。本课程系统地讲述计算机辅助设计的基础知识，要求学生学习运用先进的图像处理软件进行服装设计、服装款式图绘制及服装排版等，详细讲述 CorelDRAW 与 Photoshop 软件的操作步骤及运用方法。经过课堂辅导与训练，使学生能具有计算机辅助设计的基本技能和解决实际问题的能力。

### 1.2 设计思路

本课程的总体设计思路是，坚持"做中学、做中教"，积极探索理论和实践相结合的教学模式，通过任务引领和运用 CorelDRAW 与 Photoshop 软件进行服装款式图绘制等项目活动，引导学生通过学习过程的体验，提高学习兴趣，激发学习动力，让学生了解计算机辅助设计的基础知识、CorelDRAW 与 Photoshop 软件的操作方法，具备能运用所学的计算机辅助设计的基本技能，学会运用计算机软件制作所需的图像和服装款式图等。在组织课堂教学时，立足于培养学生的计算机辅助设计的运用能力，用各种方式激励学生学习。建议用项目教学法进行教学。

课程内容选取计算机辅助设计的相关软件，紧紧围绕计算机辅助设计课程的重点，根据所学的操作方法运用于实际作品中，同时充分考虑本专业中等职业生对相关理论知识的理解层次，融入相应的理论知识，为学生完成后续的课程打下重要的基础。

课程内容组成，以先介入计算机辅助设计软件的基础知识，然后把相关软件运用于图像及服装款式图为线索设计，包含了 CorelDRAW 与 Photoshop 软件的基础知识、线描款式图绘制、服装配件绘制、服装面料绘制、彩色款式图绘制 5 个工作任务。

本课程建议为 110 课时。

## 2　课程目标

### 2.1 能力目标

通过本课程的学习，学生能够运用计算机辅助设计的基础知识，掌握计算机辅助设计的基本理论

及技能。

## 2.2 知识目标

了解计算机辅助服装设计的基础知识、掌握 CorelDRAW 及 Photoshop 等软件的基本操作方法，懂得图形绘制、服装款式图绘制等操作步骤。

## 2.3 素质目标

（1）具有热爱本职工作、爱岗敬业、乐于奉献的精神；

（2）具有进行计算机辅助设计的基本能力；

（3）培养学生积极思考、勇于探索的精神；

（4）具有团结协作精神。

## 3 课程内容与要求

表 1 课程内容与要求

| 任务序号 | 教学任务 | 活动内容 | 活动要求 | 活动设计建议/实训技能要点 | 参考课时 |
|---|---|---|---|---|---|
| 任务一 | CorelDRAW 与 Photoshop 软件的基础知识 | 1.CorelDRAW 软件基础知识。<br>2.CorelDRAW 软件的菜单、工具的用途和使用特点。<br>3.Photoshop 软件基础知识。<br>4.Photoshop 软件的菜单、工具的用途和使用。 | 1.了解 CorelDRAW 与 Photoshop 软件基础知识。<br>2.掌握 CorelDRAW 和 Photoshop 软件基本工具的使用。 | 1.教师要引导与鼓励学生，调动学生积极性。<br>2.教师现场操作与多媒体教学相结合。<br>3.师生共同讨论与分析。 | 12 |
| 任务二 | 线描款式图绘制 | 1.半身裙的绘制。<br>2.衬衫绘制。<br>3.连衣裙绘制。<br>4.休闲裤绘制。<br>5.女上衣绘制。<br>6.男上衣绘制。 | 1.要求款式表达准确、比例合理、结构清楚。<br>2.学会口袋的绘制。<br>3.学会领型绘制。<br>4.学会袖型绘制。<br>5.学会明贴袋绘制。 | 1.教师利用 PPT 课件展示与讲解相结合。<br>2.教师示范，学生练习。<br>3.学生分组合作进行练习。<br>4.优秀作品展示与评价。<br>5.师生共同评价与总结。<br>实训项目：<br>1.各类服装的外轮廓绘制。<br>2.各类服装的内部结构线绘制。<br>3.各类服装的附件绘制。 | 30 |

60 服装与服饰设计专业
中高职贯通人才培养方案与课程标准

表1（续）

| 任务序号 | 教学任务 | 活动内容 | 活动要求 | 活动设计建议/实训技能要点 | 参考课时 |
|---|---|---|---|---|---|
| 任务三 | 服装配件绘制 | 1.服饰配件绘制。<br>2.特殊结构线绘制。 | 1.学会纽扣外形绘制。<br>2.学会纽扣质感的表现。<br>3.学会拉链外形绘制。<br>4.学会塑料拉链质感的表现。<br>5.学会金属拉链质感的表现。<br>6.珍珠亮片、贝母装饰片、钻石亮片绘制。<br>7.学会花边绘制。<br>8.学会荷叶边绘制。<br>9.学会褶绘制。<br>10.学会装饰线绘制。 | 1.教师用PPT课件展示与讲解相结合。<br>2.教师示范，学生练习。<br>3.学生分组合作进行练习。<br>4.优秀作品展示评价。<br>5.师生共评总结。<br>实训项目：<br>1.各类服饰配件绘制。<br>2.各类特殊内部结构线绘制。 | 20 |
| 任务四 | 服装面料绘制 | 1.条格面料绘制。<br>2.花呢面料绘制。<br>3.精纺面料绘制。<br>4.花型面料绘制。<br>5.棉型面料绘制。 | 1.掌握各类型面料的绘制方法。<br>2.掌握各类型的肌理表现。 | 1.教师PPT课件展示与讲解相结合。<br>2.教师示范，学生练习。<br>3.学生分组合作进行练习。<br>4.优秀作品展示评价。<br>5.师生共评总结。<br>实训项目：<br>1.各类服装面料绘制。<br>2.各类面料的肌理表现。 | 20 |
| 任务五 | 彩色款式图绘制 | 1.单色款式图绘制。<br>2.面料填色款式图绘制。 | 1.款式比例协调、结构清晰。<br>2.色彩搭配和谐。<br>3.面料效果逼真。 | 1.教师PPT课件展示与讲解相结合。<br>2.教师示范，学生练习。<br>3.学生分组合作进行练习。<br>4.优秀作品展示评价。<br>5.师生共评总结。<br>实训项目：<br>1.单色款式图绘制。<br>2.面料填色款式图绘制。 | 28 |

## 4 教学建议

在组织"计算机辅助设计（1）"课程教学时，应立足于加强学生实际操作能力的培养，采用理论讲授法、项目教学法，结合学生分组训练、教师讲评等方式，提高学生的学习兴趣。

### 4.1 教学实施建议

（1）在教学过程中，应立足于加强学生实际操作能力的培养，采用任务引领、项目教学的方法，提高学生的学习兴趣，激发学生的成就感。

（2）在教学过程中，有机结合教师示范和学生分组操作训练、学生提问和教师解答，通过"教"与"学"的师生互动，学生能熟悉掌握计算机辅助设计的基本方法，学会相关软件的操作方法。

（3）在教学过程中，要创设工作情境，紧密结合本专业方向课程的要求，加强操作训练，使学生

掌握相关软件的操作方法，提高学生的动手和创新能力。

（4）在教学过程中，要充分运用实物、图片、多媒体等教学手段来直观演示教学内容。

（5）在教学过程中，要及时关注计算机辅助设计课程方面的新的发展趋势，为学生提供后续课程的发展空间，为努力培养学生的职业能力和创新精神打下良好的基础。

## 4.2 教学评价建议

（1）以学习目标为评价标准，采用阶段评价、目标评价、理论与实践一体化的的评价模式。

（2）关注评价的多元化，结合课堂提问、学生作业、平时测验、实验实训、技能竞赛及考试情况，综合评定学生成绩。

（3）应注重对学生的动手能力和在实践中分析、解决问题能力的考核，对在计算机辅助设计课程学习和应用上有创新的学生应给予特别鼓励，综合评价学生的能力。

## 4.3 教材编写建议

（1）依据本课程标准编写教材，且教材应充分体现任务引领、实践导向的课程设计思想。

（2）以"工作任务"为主线来设计教材，结合职业技能鉴定要求，以岗位需要为原则来确定教学内容，根据完成专业教学任务的需要来组织教材内容。

（3）教材应体现通用性、实用性、先进性，要反映本专业的新技术、新知识，教学活动的选择和设计要科学、具体、可操作。

（4）教材文字表述要精练、准确，内容呈现应做到图文并茂，力求易学、易懂。

## 4.4 资源开发利用建议

（1）注重实训室、课堂配套练习题和实训教材的开发与应用。

（2）注重多媒体教学资源库、多媒体教学课件和多媒体仿真软件等现代化教学资源的开发与利用，努力实现跨学校多媒体资源的共享，以提高课程资源的利用率。

（3）积极开发和利用网络课程资源，充分利用电子书籍、电子期刊、数字图书馆、教育网站和电子论坛等网络信息资源。

（4）充分利用学校的实训设施设备，将教学与实训合一，满足学生综合职业能力培养的需要。

# "时装画技法（1）"课程标准

**课程名称：**时装画技法（1）

**课程代码：**072273

**学时：**115　**学分：**7　**理论学时：**55　**实训学时：**60　**考核方式：**随堂考试

**先修课程：**素描基础、色彩基础、构成原理

**适用专业：**服装与服饰设计专业

**开课院系：**上海市群益职业技术学校服装与服饰设计专业教研室

**教材：**《服装画技法》（莫宇、肖文陵编著，学林出版社，2016 年）

**主要参考书：**[1] 刘婧怡．时装画手绘表现技法（从基础到创意，完美时装画的终极法则）．北京：
　　　　　　　中国青年出版社，2012.

　　　　　　　[2] 白湘文、赵惠群．美国时装画技法．北京：中国轻工业出版社，1998.

## 1　课程性质及设计思路

### 1.1 课程性质

　　"时装画技法（1）"是服装与服饰设计专业的一门专业基础必修课程。本课程针对专业方向的需要，在教学过程中让学生了解时装画绘制的基础知识及彩铅、水彩、水粉、马克笔等不同工具的使用方法，熟悉并学会人体动态和四肢的绘制方法。基于时装画的功能性与服装产业的需求，学生需要了解各种不同服装面料和服装图案的表现方法，以及不同类型服装的表现效果可以用不同的绘制工具、技法以及风格来进行区分表现。经过课堂辅导和训练，使学生为后续课程学习及将来从事相应岗位的工作打下良好的理论和技能基础。

### 1.2 设计思路

　　本课程的总体设计思路是，在课堂教学中先向学生讲授时装画绘制的基础知识及不同工具的使用方法，同时通过技能培养并重的方法（例如案例实训、教师示范、学生实践），培养学生能使用服装画技法进行服装设计与制作创意。结合服装图案与服装设计的相关原理，安排课程内容循序渐进、由简到难，将理论与实践技能相结合，使学生能用各种工具和技法，将服装设计构思通过不同的人体姿态，以直观形象表达出来。

　　为提高教学效果，通过出题方式让学生先探索与寻找解决方法，在探索过程中加深他们对工具使用的印象。然后主要通过小组竞赛的方式，提高学生的学习积极性和团体合作精神，保证了学生专业能力、方法能力和社会能力的全面培养。

　　课程内容组成，以时装画的表现技法为线索设计，包含服装画概述、人体动态与四肢的画法、不同服装面料的表现方法三个工作任务。

　　本课程建议为 115 课时。

## 2　课程目标

### 2.1 能力目标

　　通过本课程的学习，学生能了解现代时装画对服装设计的重要作用和效果图的概念等，并全面掌握时装画的表现方法和技术。通过绘画服装效果图的学习，学生能进一步了解人体和服装的关系，并

以多样性的手法表现较写实的实用性款式与欣赏夸张型的美感以及表现服装饰物质感，充分掌握时装画的基本技能。

### 2.2 知识目标

了解服装效果图对服装设计的重要作用和效果图的概念等，掌握服装效果图的表现方法和技术；了解人体和服装的关系，熟悉多样性的表现手法。

### 2.3 素质目标

（1）具有热爱本职工作、爱岗敬业、乐于奉献的精神；

（2）具有进行时装画绘制的基本能力；

（3）形成对时装画作品检查与评价、解决问题的分析判断能力；

（4）具有团结协作精神。

## 3 课程内容与要求

表1 课程内容与要求

| 任务序号 | 教学任务 | 活动内容 | 活动要求 | 活动设计建议／实训技能要点 | 参考课时 |
|---|---|---|---|---|---|
| 任务一 | 时装画概述 | 1. 时装画的概念。<br>2. 时装画的分类。<br>3. 水彩绘画工具的介绍。 | 1. 能辨别区分不同风格服装画。<br>2. 学会欣赏服装效果图作品。<br>3. 了解服装画常用工具和表现方法。 | 建议通过丰富多彩的范例图片引起学生的兴趣。 | 3 |
| 任务二 | 人体动态与四肢的画法 | 1. 时装画中的人体。<br>2. 头部与五官。<br>3. 发型。<br>4. 手比例及表现技法。<br>5. 脚和腿的比例及表现技法。<br>6. 基本姿态的画法。 | 1. 了解时装画人体比例结构。<br>2. 头部和五官的细节刻画。<br>3. 不同发型的表现方法。<br>4. 掌握手的画法和比例。<br>5. 掌握腿和脚的比例及表现。<br>6. 掌握常用的人体姿态。 | 1. 能够根据时装画人体比例刻画人体。<br>2. 能够刻画简单的头部。<br>3. 能够学会表现头发。<br>4. 能够刻画基本的模特手和脚姿势。<br>5. 教师采用整体教学和分组教学相结合，进行分析、讲解、示范、修改。 | 56 |
| 任务三 | 不同服装面料的表现方法 | 1. 衣褶的画法。<br>2. 轻薄面料的表现。<br>3. 厚面料的表现。<br>4. 时装画用线技巧。<br>5. 干画法和湿画法的特点。<br>6. 厚画法和薄画法的特点。 | 1. 人体穿着状态下的衣褶表现。<br>2. 轻薄面料的褶皱表现；<br>3. 厚重面料的褶皱表现。<br>4. 线条的虚实对比。<br>5. 水彩、水粉颜料的干画和湿画手法表现。<br>6. 用厚画法和薄画法表现不同服装面料。 | 1. 掌握厚重面料的褶皱表现方法。<br>2. 能够根据表现需求熟练运用线条。<br>3. 能够运用干画和湿画手法。<br>4. 能够根据面料的表现运用厚画法和薄画法。 | 56 |

## 4 教学建议

在组织"时装画技法（1）"课程教学时，应以立足于培养学生的岗位职业能力，适当结合款式图的要求，做出能够转化为服装成品的可行性设计。

### 4.1 教学实施建议

（1）在教学过程中，应立足于加强学生实际操作能力的培养，采用任务引领、项目教学的方法，提高学生的学习兴趣，激发学生的成就感。

（2）在教学过程中，有机结合教师示范和学生分组操作训练、学生提问和教师解答，通过"教"与"学"的师生互动，学生能熟悉掌握时装画技法表现基本技能，学会时装画技法的表现方法。

（3）在教学过程中，要创设工作情境，紧密结合本专业方向课程的要求，加强操作训练，使学生掌握时装画技法的技能和要求，提高学生的动手和创新能力。

（4）在教学过程中，要充分运用实物、图片、多媒体等教学手段来直观演示教学内容。

（5）在教学过程中，要及时关注时装画技法课程方面的新的发展趋势，为学生提供后续课程的发展空间，为努力培养学生的职业能力和创新精神打下良好的基础。

### 4.2 教学评价建议

（1）以学习目标为评价标准，采用阶段评价、目标评价、理论与实践一体化的的评价模式。

（2）关注评价的多元化，结合课堂提问、学生作业、平时测验、实验实训、技能竞赛及考试情况，综合评定学生成绩。

（3）应注重对学生的动手能力和在实践中分析、解决问题能力的考核，对在时装画技法课程学习和应用上有创新的学生应给予特别鼓励，综合评价学生的能力。

### 4.3 教材编写建议

（1）依据本课程标准编写教材，且教材应充分体现任务引领、实践导向的课程设计思想。

（2）以"工作任务"为主线来设计教材，结合职业技能鉴定要求，以岗位需要为原则来确定教学内容，根据完成专业教学任务的需要来组织教材内容。

（3）教材应体现通用性、实用性、先进性，要反映本专业的新技术、新知识，教学活动的选择和设计要科学、具体、可操作。

（4）教材文字表述要精练、准确，内容呈现应做到图文并茂，力求易学、易懂。

### 4.6 资源开发利用建议

（1）注重实训室、课堂配套练习题和实训教材的开发与应用。

（2）注重多媒体教学资源库、多媒体教学课件和多媒体仿真软件等现代化教学资源的开发与利用，努力实现跨学校多媒体资源的共享，以提高课程资源的利用率。

（3）积极开发和利用网络课程资源，充分利用电子书籍、电子期刊、数字图书馆、教育网站和电子论坛等网络信息资源。

（4）充分利用学校的实训设施设备，将教学与实训合一，满足学生综合职业能力培养的需要。

# "结构设计与工艺（1）"课程标准

**课程名称：** 结构设计与工艺（1）

**课程代码：** 072294

**学时：** 119　**学分：** 7　　**理论学时：** 55　　**实训学时：** 64　　**考核方式：** 随堂考试

**先修课程：** 成衣基础工艺、服装结构设计基础

**适用专业：** 服装与服饰设计专业

**开课院系：** 上海市群益职业技术学校服装与服饰设计专业教研室

**教材：**《服装结构制图（第6版）》（徐雅琴主编，高等教育出版社，2021年）

**主要参考书：**［1］日本文化服装学院编．裙子·裤子．张祖芳，等译．上海：东华大学出版社，2005.

　　　　　　［2］吕学海．服装结构制图．北京：中国纺织出版社，2003.

　　　　　　［3］张明德．服装缝制工艺．北京：高等教育出版社，2019.

## 1 课程性质及设计思路

### 1.1 课程性质

"结构设计与工艺（1）"是服装与服饰设计专业的一门专业核心必修课程。本课程体现理论与实践一体化的教学思想，突出以能力为本位、以应用为目的的职业教育特色。本课程系统地讲述了裙装结构设计的基础知识、国家标准、基本原理，详细讲述了基本款裙装、变化款裙装结构设计与工艺的步骤以及各部位的组合关系和变化规律。经过课堂辅导与训练，使学生能具有裙装结构设计与工艺的基本技能和解决实际问题的能力。

### 1.2 设计思路

本课程的总体设计思路是，坚持"做中学、做中教"，积极探索理论和实践相结合的教学模式，通过任务引领和裙装基本款、裙装变化款制作及裙装结构设计变化原理讲解等项目活动，引导学生通过学习过程的体验，提高学习兴趣，激发学习动力，让学生能了解裙装结构设计的概念、裙装的分类，掌握裙装的结构设计与工艺方法，具备能根据裙装款式图转化为平面结构图的技能技巧，理解裙装的结构设计原理与工艺制作的要求。在组织课堂教学时，应以立足于培养学生裙装结构图的绘制能力、裙装缝制的技能，用各种方式激励学生学习。建议用项目教学法进行教学。

课程内容选取裙装基本款和变化款，紧紧围绕裙装结构设计的要点，学会根据裙装结构设计及缝制工艺的实际应用方法，进行裙装基本款及变化款的全过程制作；同时充分考虑本专业中职生对相关理论知识的理解层次，融入相应的理论知识，为学生今后在高职阶段的学习打下重要的基础。

课程内容组成，以裙装基本款到变化款制作的递进为线索设计，包含裙装结构设计，裙装基本款样板制作、排料与裁剪及粘衬，裙装基本款缝制工艺，裙装变化款样板制作、排料与裁剪及粘衬，裙装变化款缝制工艺5个工作任务。

本课程建议为119课时。

## 2 课程目标

### 2.1 能力目标

通过本课程的学习，学生能够运用裙装结构设计的基础知识，掌握裙装基本款及变化款结构设计

与工艺的基本理论及技能。

## 2.2 知识目标

了解裙装结构设计的基础知识，了解裙装结构设计的基本原理及工艺缝制的操作步骤、裙装分类，掌握人体测量的基本方法，掌握人体体型与服装结构设计与工艺的关系。

## 2.3 素质目标

（1）具有热爱本职工作、爱岗敬业、乐于奉献的精神；

（2）具有进行裙装基本款及变化款结构设计与工艺的基本能力；

（3）培养学生积极思考、勇于探索的精神；

（4）具有团结协作精神。

## 3 课程内容与要求

表 1 课程内容与要求

| 任务序号 | 教学任务 | 活动内容 | 活动要求 | 活动设计建议 /实训技能要点 | 参考课时 |
|---|---|---|---|---|---|
| 任务一 | 裙装结构设计 | 1.裙装的分类。2.直裙结构设计。3.A 字裙的结构设计。4.斜裙的结构设计。5.变化款裙装的结构设计。 | 1.了解裙装分类方法。2.学会直裙、A 字裙、斜裙的结构设计原理与方法。3.理解变化款裙装的特点。4.在学会前述几种裙型的结构设计方法基础上，能进行相应地拓展。 | 1.教师讲解裙装的分类，并阐述各种类型之间的相互关系。2.教师在引领学生学习时讲透要领，注重学生的发散型思维培养。3.学生分组学习。实训项目：裙装结构图绘制。 | 40 |
| 任务二 | 裙装基本款样板制作、排料与裁剪及粘衬 | 1.选取裙装基本款中的一步裙作为实训实例。2.一步裙结构设计。3.一步裙样板制作。4.一步裙排料、裁剪及粘衬。 | 1.掌握裙装的人体测量及加放松量的要求和方法。2.独立进行一步裙的结构设计。3.掌握一步裙的样板制作方法。4.在完成一步裙上述内容的基础上进行排料、裁剪及粘衬。 | 1.在掌握基本款裙装的基础上，建议用学生自己的规格进行结构制图。2.排料的要点掌握，本着节约的要求进行排料与裁剪，强调面料正反与丝缕的正确处理方法。实训项目：1.一步裙结构图绘制。2.一步裙样板制作。3.一步裙排料、裁剪及粘衬。 | 8 |
| 任务三 | 裙装基本款缝制工艺 | 1.裙装基本款的工艺单制作要求。2.工艺流程设计要求。3.检查裁片数量及相关的辅料裁配。4.工艺操作（根据工艺流程要求进行相关的操作）。5.质量检验。 | 1.了解裙装基本款工艺单。2.根据实物与工艺单进行工艺流程的排序编制。3.学会在工艺操作前对相关材料进行检查与补缺。4.学会裙装基本款的缝制工艺。5.学会对产品进行质量检查与编制改进意见等。 | 1.通过 PPT 课件和视频，让学生了解一步裙的缝制工艺。2.用裙装实物让学生理解各部位的组合关系。4.教师分步演示裙装的缝制方法。实训项目：1.一步裙工艺单制作。2.一步裙缝纫制作。 | 16 |

表1（续）

| 任务序号 | 教学任务 | 活动内容 | 活动要求 | 活动设计建议 / 实训技能要点 | 参考课时 |
|---|---|---|---|---|---|
| 任务四 | 裙装变化款样板制作、排料与裁剪及粘衬 | 1. 选取裙装变化款中的高腰鱼尾裙作为实训实例。<br>2. 高腰鱼尾裙的结构设计。<br>3. 高腰鱼尾裙的样板制作。<br>4. 高腰鱼尾裙的排料、裁剪及粘衬。 | 1. 独立进行高腰鱼尾裙的结构设计。<br>2. 掌握高腰鱼尾裙的样板制作方法。<br>3. 在完成高腰鱼尾裙上述内容的基础上进行排料、裁剪及粘衬。 | 1. 在掌握高腰鱼尾裙的基础上，建议用学生自己的规格进行结构制图。<br>2. 排料的要点掌握，本着节约的要求进行排料与裁剪，正确处理面料正反、丝缕方向，强调高腰裙腰里的裁配方法。<br>实训项目：<br>1. 高腰鱼尾裙结构图绘制。<br>2. 高腰鱼尾裙样板制作。<br>3. 高腰鱼尾裙排料、裁剪及粘衬。 | 20 |
| 任务五 | 裙装变化款缝制工艺 | 1. 裙装变化款的工艺单制作要求。<br>2. 工艺流程设计要求。<br>3. 检查裁片数量及相关的辅料裁配。<br>4. 工艺操作（根据工艺流程要求进行相关的操作）。<br>5. 质量检验。 | 1. 了解裙装变化款工艺单。<br>2. 根据实物与工艺单进行工艺流程的排序编制。<br>3. 学会在工艺操作前对相关材料进行检查与补缺。<br>4. 学会裙装变化款的缝制工艺。<br>5. 学会对产品进行质量检查与编制改进意见等。 | 1. 通过PPT课件和视频让学生了解高腰鱼尾裙的缝制工艺。<br>2. 用裙装实物让学生理解各部位的组合关系。<br>3. 在制作中掌握裙装普通拉链与隐形拉链、装直腰与弧形腰的要领与技巧。<br>4. 教师分步演示裙装的缝制方法。<br>实训项目：<br>1. 高腰鱼尾裙工艺单制作。<br>2. 高腰鱼尾裙缝纫制作。 | 35 |

## 4 教学建议

在组织"结构设计与工艺（1）"课程教学时，应立足于加强学生实际操作能力的培养，采用理论讲授法、项目教学法，结合学生分组训练、教师讲评等方式，提高学生的学习兴趣。

### 4.1 教学实施建议

（1）在教学过程中，应立足于加强学生实际操作能力的培养，采用任务引领、项目教学的方法，提高学生的学习兴趣，激发学生的成就感。

（2）在教学过程中，有机结合教师示范和学生分组操作训练、学生提问和教师解答，通过"教"与"学"的师生互动，学生能熟悉掌握裙装结构设计与工艺的应用技能，学会裙装结构设计与工艺方法。

（3）在教学过程中，要创设工作情境，紧密结合本专业方向课程的要求，加强操作训练，使学生掌握裙装结构设计与工艺的基本原理和构成方法，提高学生的动手和创新能力。

（4）在教学过程中，要充分运用实物、图片、多媒体等教学手段来直观演示教学内容。

（5）在教学过程中，要及时关注结构设计与工艺课程方面的新的发展趋势，为学生提供后续课程的发展空间，为努力培养学生的职业能力和创新精神打下良好的基础。

### 4.2 教学评价建议

（1）以学习目标为评价标准，采用阶段评价、目标评价、理论与实践一体化的的评价模式。

（2）关注评价的多元化，结合课堂提问、学生作业、平时测验、实验实训、技能竞赛及考试情况，综合评定学生成绩。

（3）应注重对学生的动手能力和在实践中分析、解决问题能力的考核，对在结构设计与工艺课程学习和应用上有创新的学生应给予特别鼓励，综合评价学生的能力。

### 4.3 教材编写建议

（1）依据本课程标准编写教材，且教材应充分体现任务引领、实践导向的课程设计思想。

（2）以"工作任务"为主线来设计教材，结合职业技能鉴定要求，以岗位需要为原则来确定教学内容，根据完成专业教学任务的需要来组织教材内容。

（3）教材应体现通用性、实用性、先进性，要反映本专业的新技术、新知识，教学活动的选择和设计要科学、具体、可操作。

（4）教材文字表述要精练、准确，内容呈现应做到图文并茂，力求易学、易懂。

### 4.7 资源开发利用建议

（1）注重实训室、课堂配套练习题和实训教材的开发与应用。

（2）注重多媒体教学资源库、多媒体教学课件和多媒体仿真软件等现代化教学资源的开发与利用，努力实现跨学校多媒体资源的共享，以提高课程资源的利用率。

（3）积极开发和利用网络课程资源，充分利用电子书籍、电子期刊、数字图书馆、教育网站和电子论坛等网络信息资源。

（4）充分利用学校的实训设施设备，将教学与实训合一，满足学生综合职业能力培养的需要。

# "结构设计与工艺（2）"课程标准

**课程名称：**结构设计与工艺（2）

**课程代码：**072294

**学时：**119　**学分：**7　**理论学时：**55　**实训学时：**64　**考核方式：**随堂考试

**先修课程：**成衣基础工艺、服装结构设计基础、结构设计与工艺（1）

**适用专业：**服装与服饰设计专业

**开课院系：**上海市群益职业技术学校服装与服饰设计专业教研室

**教材：**《服装结构制图（第6版）》（徐雅琴主编，高等教育出版社，2021年）

**主要参考书：**[1] 日本文化服装学院编．裙子·裤子．张祖芳，等译．上海：东华大学出版社，2005.

　　　　　　　[2] 吕学海．服装结构制图．北京：中国纺织出版社，2003.

　　　　　　　[3] 张明德．服装缝制工艺．北京：高等教育出版社，2019.

## 1 课程性质及设计思路

### 1.1 课程性质

"结构设计与工艺（2）"是服装与服饰设计专业的一门专业核心必修课程。本课程体现理论与实践一体化的教学思想，突出以能力为本位、以应用为目的的职业教育特色。本课程系统地讲述了裤装结构设计的基础知识、国家标准、基本原理，详细讲述了基本款裤装、变化款裤装结构设计与工艺的步骤以及各部位的组合关系和变化规律。经过课堂辅导与训练，使学生能具有裤装结构设计与工艺的基本技能和解决实际问题的能力。

### 1.2 设计思路

本课程的总体设计思路是，坚持"做中学、做中教"，积极探索理论和实践相结合的教学模式，通过任务引领和裤装基本款、裤装变化款制作及裤装结构设计变化原理讲解等项目活动，引导学生通过学习过程的体验，提高学习兴趣，激发学习动力，让学生能了解裤装结构设计的概念、裤装的分类，掌握裤装的结构设计与工艺方法，具备能根据裤装款式图转化为平面结构图的技能技巧，理解裤装的结构设计原理与工艺制作的要求。在组织课堂教学时，应以立足于培养学生裤装结构图的绘制能力、裤装缝制的技能，用各种方式激励学生学习。建议用项目教学法进行教学。

课程内容选取裤装基本款和变化款，紧紧围绕裤装结构设计的要点，让学生学会根据裤装结构设计及缝制工艺的实际应用方法，进行裤装基本款及变化款的全过程制作；同时，充分考虑本专业中职生对相关理论知识的理解层次，融入相应的理论知识，为学生今后在高职阶段的学习打下重要的基础。

课程内容组成，以裤装基本款到变化款制作的递进为线索设计，包含裤装结构设计，裤装基本款样板制作、排料与裁剪及粘衬，裤装基本款缝制工艺，裤装变化款样板制作、排料与裁剪及粘衬，裤装变化款缝制工艺5个工作任务。

本课程建议为119课时。

## 2 课程目标

### 2.1 能力目标

通过本课程的学习，学生能够运用裤装结构设计的基础知识，掌握裤装基本款及变化款结构设计与工艺的基本理论及技能。

### 2.2 知识目标

了解裤装结构设计的基础知识，了解裤装结构设计的基本原理及工艺缝制的操作步骤、裤装分类，掌握人体测量的基本方法，掌握人体体型与服装结构设计与工艺的关系。

### 2.3 素质目标

（1）具有热爱本职工作、爱岗敬业、乐于奉献的精神；

（2）具有进行裤装基本款及变化款结构设计与工艺的基本能力；

（3）培养学生积极思考、勇于探索的精神；

（4）具有团结协作精神。

## 3　课程内容与要求

表 1 课程内容与要求

| 任务序号 | 教学任务 | 活动内容 | 活动要求 | 活动设计建议 / 实训技能要点 | 参考课时 |
|---|---|---|---|---|---|
| 任务一 | 裤装结构设计 | 1. 裤装的分类。<br>2. 普通西裤的结构设计。<br>3. 合体型西裤的结构设计。<br>4. 宽松型西裤的结构设计。<br>5. 变化款裤装的结构设计。 | 1. 了解裤装分类方法。<br>2. 学会普通西裤、合体型与宽松型西裤的结构设计原理与方法。<br>3. 理解变化款裤装的特点。<br>4. 在学会前述几种裤型的结构设计方法的基础上，能进行相应地拓展。 | 1. 教师讲解裤装的分类，并阐述各种类型之间的相互关系。<br>2. 教师在引领学生学习时讲透要领，注重学生的发散型思维培养。<br>3. 学生分组学习。<br>实训项目：<br>裤装结构图绘制。 | 24 |
| 任务二 | 裤装基本款样板制作、排料、裁剪及粘衬 | 1. 选取裤装基本款中的普通男西裤作为实训实例。<br>2. 普通男西裤的结构设计。<br>3. 普通男西裤的样板制作。<br>4. 普通男西裤的排料、裁剪及粘衬。 | 1. 掌握裤装中人体测量及加放松量的要求和方法。<br>2. 独立进行普通男西裤的结构设计。<br>3. 掌握普通男西裤的样板制作方法。<br>4. 在完成普通男西裤上述内容的基础上进行排料、裁剪及粘衬。 | 1. 在掌握基本款裤装的基础上，建议用学生自己的规格进行结构制图。<br>2. 排料的要点掌握，本着节约的要求进行排料与裁剪，强调面料正反与丝缕的正确处理方法。<br>实训项目：<br>1. 普通男西裤结构图绘制。<br>2. 普通男西裤样板制作。<br>3. 普通男西裤排料、裁剪及粘衬。 | 16 |

表 1（续）

| 任务序号 | 教学任务 | 活动内容 | 活动要求 | 活动设计建议／实训技能要点 | 参考课时 |
|---|---|---|---|---|---|
| 任务三 | 裤装基本款缝制工艺 | 1. 裤装基本款的工艺单制作要求。<br>2. 工艺流程设计要求。<br>3. 检查裁片数量及相关的辅料裁配。<br>4. 工艺操作（根据工艺流程要求进行相关的操作）。<br>5. 质量检验。 | 1. 了解裤装基本款工艺单。<br>2. 根据实物与工艺单进行工艺流程的排序编制。<br>3. 学会在工艺操作前对相关材料进行检查与补缺。<br>4. 学会裤装基本款的缝制工艺。<br>5. 学会对产品进行质量检查与编制改进意见等。 | 1. 通过 PPT 课件和视频让学生了解普通男西裤的缝制工艺。<br>2. 用裤装实物让学生理解各部位的组合关系。<br>4. 教师分步演示裤装的缝制方法。<br>实训项目：<br>1. 普通男西裤工艺单制作。<br>2. 普通男西裤缝纫制作。 | 40 |
| 任务四 | 裤装变化款样板制作、排料、裁剪及粘衬 | 1. 选取裤装变化款中的休闲裤作为实训实例。<br>2. 休闲裤的结构设计。<br>3. 休闲裤的样板制作。<br>4. 休闲裤的排料、裁剪及粘衬。 | 1. 独立进行休闲裤的结构设计。<br>2. 掌握休闲裤的样板制作方法。<br>3. 在完成休闲裤上述内容的基础上进行排料、裁剪及粘衬。 | 1. 在掌握休闲裤的基础上，建议用学生自己的规格进行结构制图。<br>2. 排料的要点掌握，本着节约的要求进行排料与裁剪，正确处理面料正反、丝缕方向，强调门里襟及分割线的裁配方法。<br>实训项目：<br>1. 休闲裤结构图绘制。<br>2. 休闲裤样板制作。<br>3. 休闲裤排料、裁剪及粘衬。 | 18 |
| 任务五 | 裤装变化款缝制工艺 | 1. 裤装变化款的工艺单制作要求。<br>2. 工艺流程设计要求。<br>3. 检查裁片数量及相关的辅料裁配。<br>4. 工艺操作（根据工艺流程要求进行相关的操作）。<br>5. 质量检验。 | 1. 了解裤装变化款工艺单。<br>2. 根据实物与工艺单进行工艺流程的排序编制。<br>3. 学会在工艺操作前对相关材料进行检查与补缺。<br>4. 学会裤装变化款的缝制工艺。<br>5. 学会对产品进行质量检查与编制改进意见等。 | 1. 通过 PPT 课件和视频让学生了解休闲裤的缝制工艺。<br>2. 用裤装实物让学生理解各部位的组合关系。<br>3. 在制作中掌握裤前后口袋的制作；装直腰与弧形腰的要领与技巧。<br>4. 教师分步演示裤装的缝制方法。<br>实训项目：<br>1. 休闲裤工艺单制作。<br>2. 休闲裤缝纫制作。 | 21 |

## 4 教学建议

在组织"结构设计与工艺（2）"课程教学时，应立足于加强学生实际操作能力的培养，采用理论讲授法、项目教学法，结合学生分组训练、教师讲评等方式，提高学生的学习兴趣。

### 4.1 教学实施建议

（1）在教学过程中，应立足于加强学生实际操作能力的培养，采用任务引领、项目教学的方法，提高学生的学习兴趣，激发学生的成就感。

（2）在教学过程中，教师示范和学生分组操作训练、学生提问和教师解答的有机结合，通过"教"与"学"的师生互动，学生能熟悉掌握裤装结构设计与工艺的应用技能，学会裤装结构设计与工艺方法。

（3）在教学过程中，要创设工作情境，紧密结合本专业方向课程的要求，加强操作训练，使学生掌握裤装结构设计与工艺的基本原理和构成方法，提高学生的动手和创新能力。

（4）在教学过程中，要充分运用实物、图片、多媒体等教学手段来直观演示教学内容。

（5）在教学过程中，要及时关注结构设计与工艺课程方面的新的发展趋势，为学生提供后续课程的发展空间，为努力培养学生的职业能力和创新精神打下良好的基础。

### 4.2 教学评价建议

（1）以学习目标为评价标准，采用阶段评价、目标评价、理论与实践一体化的的评价模式。

（2）关注评价的多元化，结合课堂提问、学生作业、平时测验、实验实训、技能竞赛及考试情况，综合评定学生成绩。

（3）应注重对学生的动手能力和在实践中分析、解决问题能力的考核，对在结构设计与工艺课程学习和应用上有创新的学生应给予特别鼓励，综合评价学生的能力。

### 4.3 教材编写建议

（1）依据本课程标准编写教材，且教材应充分体现任务引领、实践导向的课程设计思想。

（2）以"工作任务"为主线来设计教材，结合职业技能鉴定要求，以岗位需要为原则来确定教学内容，根据完成专业教学任务的需要来组织教材内容。

（3）教材应体现通用性、实用性、先进性，要反映本专业的新技术、新知识，教学活动的选择和设计要科学、具体、可操作。

（4）教材文字表述要精练、准确，内容呈现应做到图文并茂，力求易学、易懂。

### 4.4 资源开发利用建议

（1）注重实训室、课堂配套练习题和实训教材的开发与应用。

（2）注重多媒体教学资源库、多媒体教学课件和多媒体仿真软件等现代化教学资源的开发与利用，努力实现跨学校多媒体资源的共享，以提高课程资源的利用率。

（3）积极开发和利用网络课程资源，充分利用电子书籍、电子期刊、数字图书馆、教育网站和电子论坛等网络信息资源。

（4）充分利用学校的实训设施设备，将教学与实训合一，满足学生综合职业能力培养的需要。

# "结构设计与工艺（3）"课程标准

**课程名称：** 结构设计与工艺（3）

**课程代码：** 072294

**学时：** 126 **学分：** 7 **理论学时：** 56 **实训学时：** 70 **考核方式：** 随堂考试

**先修课程：** 成衣基础工艺、服装结构设计基础、结构设计与工艺（1～2）

**适用专业：** 服装与服饰设计专业

**开课院系：** 上海市群益职业技术学校服装与服饰设计专业教研室

**教材：** 《服装结构制图（第6版）》（徐雅琴主编，高等教育出版社，2021年）

**主要参考书：** [1] 日本文化服装学院编 . 裙子 • 裤子 . 张祖芳，等译 . 上海：东华大学出版社，2005.

[2] 吕学海 . 服装结构制图 . 北京：中国纺织出版社，2003.

[3] 张明德 . 服装缝制工艺 . 北京：高等教育出版社，2019.

## 1 课程性质及设计思路

### 1.1 课程性质

"结构设计与工艺（3）"是服装与服饰设计专业的一门专业核心必修课程。本课程体现理论与实践一体化的教学思想，突出以能力为本位、以应用为目的的职业教育特色。本课程系统地讲述了衬衫结构设计的基础知识、国家标准、基本原理，详细讲述了基本款衬衫、变化款衬衫结构设计与工艺的步骤以及各部位的组合关系和变化规律。经过课堂辅导与训练，学生能具有衬衫结构设计与工艺的基本技能和解决实际问题的能力。

### 1.2 设计思路

本课程的总体设计思路是，坚持"做中学、做中教"，积极探索理论和实践相结合的教学模式，通过任务引领和衬衫基本款、衬衫变化款制作及衬衫结构设计变化原理讲解等项目活动，引导学生通过学习过程的体验，提高学习兴趣，激发学习动力，让学生能了解衬衫结构设计的概念、衬衫的分类，掌握衬衫的结构设计与工艺方法，具备能根据衬衫款式图转化为平面结构图的技能技巧，理解衬衫的结构设计原理与工艺制作的要求。在组织课堂教学时，应以立足于培养学生衬衫结构图的绘制能力、衬衫缝制的技能，用各种方式激励学生学习。建议用项目教学法进行教学。

课程内容选取衬衫基本款和变化款，紧紧围绕衬衫结构设计的要点，让学生学会根据衬衫结构设计及缝制工艺的实际应用方法，进行衬衫基本款及变化款的全过程制作；同时，充分考虑本专业中职生对相关理论知识的理解层次，融入相应的理论知识，为学生今后在高职阶段的学习打下重要的基础。

课程内容组成，以衬衫基本款及变化款的递进为线索设计，包含衬衫结构设计，衬衫基本款样板制作、排料与裁剪及粘衬，衬衫基本款缝制工艺，衬衫变化款样板制作、排料与裁剪及粘衬，衬衫变化款缝制工艺5个工作任务。

本课程建议为126课时。

## 2 课程目标

### 2.1 能力目标

通过本课程的学习，学生能够运用衬衫结构设计的基础知识，掌握衬衫基本款及变化款结构设计与工艺的基本理论及技能。

### 2.2 知识目标

了解衬衫结构设计的基础知识，了解衬衫结构设计的基本原理及工艺缝制的操作步骤，了解衬衫分类，掌握人体测量的基本方法，掌握人体体型与服装结构设计与工艺的关系。

### 2.3 素质目标

（1）具有热爱本职工作、爱岗敬业、乐于奉献的精神；
（2）具有进行衬衫基本款及变化款结构设计与工艺的基本能力；
（3）培养学生积极思考、勇于探索的精神；
（4）具有团结协作精神。

## 3 课程内容与要求

表 1 课程内容与要求

| 任务序号 | 教学任务 | 活动内容 | 活动要求 | 活动设计建议／实训技能要点 | 参考课时 |
|---|---|---|---|---|---|
| 任务一 | 衬衫结构设计 | 1. 衬衫的分类。<br>2. 男、女衬衫基本款的结构设计。<br>3. 男、女衬衫变化款的结构设计。 | 1. 了解衬衫分类方法。<br>2. 学会衬衫基本款与变化款的结构设计原理与方法。<br>3. 理解变化款衬衫的特点。<br>4. 在学会前述几种衬衫的结构设计方法基础上，能进行相应地拓展。 | 1. 教师讲解衬衫的分类，并阐述各种类型之间的相互关系。<br>2. 教师在引领学生学习时讲透要领，注重学生的发散型思维培养。<br>3. 学生分组学习。<br>实训项目：<br>衬衫结构图绘制。 | QS |
| 任务二 | 衬衫基本款样板制作、排料与裁剪及粘衬 | 1. 选取衬衫基本款中的男、女衬衫作为实训实例。<br>2. 男、女衬衫基本款的结构设计。<br>3. 男、女衬衫基本款的样板制作。<br>4. 男、女衬衫基本款的排料、裁剪及粘衬。 | 1. 掌握男、女衬衫中人体测量及加放松量的要求和方法。<br>2. 独立进行男、女衬衫基本款的结构设计。<br>3. 掌握男、女衬衫基本款的样板制作方法。<br>4. 在完成男、女衬衫基本款上述内容的基础上进行排料、裁剪及粘衬。 | 1. 在掌握基本款男、女衬衫的基础上，建议用学生自己的规格进行结构制图。<br>2. 排料的要点掌握，本着节约的要求进行排料与裁剪，强调面料正反与丝缕的正确处理方法。<br>实训项目：<br>1. 男、女衬衫基本款的结构图绘制。<br>2. 男、女衬衫的样板制作。<br>3. 男、女衬衫的排料、裁剪及粘衬。 | QO |
| 任务三 | 衬衫基本款缝制工艺 | 1. 衬衫基本款的工艺单制作要求。<br>2. 工艺流程设计要求。<br>3. 检查裁片数量及相关的辅料裁配。<br>4. 工艺操作（根据工艺流程要求进行相关的操作）。<br>5. 质量检验。 | 1. 了解衬衫基本款工艺单。<br>2. 根据实物与工艺单进行工艺流程的排序编制。<br>3. 学会在工艺操作前对相关材料进行检查与补缺。<br>4. 学会衬衫基本款的缝制工艺。<br>5. 学会对产品进行质量检查与编制改进意见等。 | 1. 通过PPT课件和视频让学生了解男、女衬衫的缝制工艺。<br>2. 用衬衫实物让学生理解各部位的组合关系。<br>4. 教师分步演示衬衫的缝制方法。<br>实训项目：<br>1. 男、女衬衫工艺单制作。<br>2. 男、女衬衫缝纫制作。 | SO |

表1（续）

| 任务序号 | 教学任务 | 活动内容 | 活动要求 | 活动设计建议/实训技能要点 | 参考课时 |
|---|---|---|---|---|---|
| 任务四 | 衬衫变化款样板制作、排料与裁剪及粘衬 | 1.选取衬衫变化款中的某款作为实训实例。<br>2.衬衫变化款的结构设计。<br>3.衬衫变化款的样板制作。<br>4.衬衫变化款的排料、裁剪及粘衬。 | 1.独立进行衬衫变化款的结构设计。<br>2.掌握衬衫变化款的样板制作方法。<br>3.在完成衬衫变化款上述内容的基础上进行排料、裁剪及粘衬。 | 1.在掌握衬衫变化款的基础上，建议用学生自己的规格进行结构制图。<br>2.排料的要点掌握，本着节约的要求进行排料与裁剪，正确处理面料正反、丝缕方向，强调衣领及挂面的裁配方法。<br>实训项目：<br>1.变化款衬衫的结构图绘制。<br>2.变化款衬衫的样板制作。<br>3.变化款衬衫的排料、裁剪及粘衬。 | 20 |
| 任务五 | 衬衫变化款缝制工艺 | 1.衬衫变化款的工艺单制作要求。<br>2.工艺流程设计要求。<br>3.检查裁片数量及相关的辅料裁配。<br>4.工艺操作（根据工艺流程要求进行相关的操作）。<br>5.质量检验。 | 1.了解衬衫变化款工艺单。<br>2.根据实物与工艺单进行工艺流程的排序编制。<br>3.学会在工艺操作前对相关材料进行检查与补缺。<br>4.学会衬衫变化款的缝制工艺。<br>5.学会对产品进行质量检查与编制改进意见等。 | 1.通过PPT课件和视频让学生了解衬衫变化款的缝制工艺。<br>2.用衬衫实物让学生理解各部位的组合关系。<br>3.在制作中掌握男、女衬衫衣领的制作，装领及装袖的要领与技巧。<br>4.教师分步演示衬衫变化款的缝制方法。<br>实训项目：<br>1.衬衫变化款工艺单制作。<br>2.衬衫变化款缝纫制作。 | 22 |

## 4 教学建议

在组织"结构设计与工艺（3）"课程教学时，应立足于加强学生实际操作能力的培养，采用理论讲授法、项目教学法，结合学生分组训练、教师讲评等方式，提高学生的学习兴趣。

### 4.1 教学实施建议

（1）在教学过程中，应立足于加强学生实际操作能力的培养，采用任务引领、项目教学的方法，提高学生的学习兴趣，激发学生的成就感。

（2）在教学过程中，教师示范和学生分组操作训练、学生提问和教师解答的有机结合，通过"教"与"学"的师生互动，学生能熟悉掌握衬衫结构设计与工艺的应用技能，学会衬衫结构设计与工艺方法。

（3）在教学过程中，要创设工作情境，紧密结合本专业方向课程的要求，加强操作训练，使学生掌握衬衫结构设计与工艺的基本原理和构成方法，提高学生的动手和创新能力。

（4）在教学过程中，要充分运用实物、图片、多媒体等教学手段来直观演示教学内容。

（5）在教学过程中，要及时关注结构设计与工艺课程方面的新的发展趋势，为学生提供后续课程的发展空间，为努力培养学生的职业能力和创新精神打下良好的基础。

### 4.2 教学评价建议

（1）以学习目标为评价标准，采用阶段评价、目标评价、理论与实践一体化的的评价模式。

（2）关注评价的多元化，结合课堂提问、学生作业、平时测验、实验实训、技能竞赛及考试情况，综合评定学生成绩。

（3）应注重对学生的动手能力和在实践中分析、解决问题能力的考核，对在结构设计与工艺课程学习和应用上有创新的学生应给予特别鼓励，综合评价学生的能力。

### 4.3 教材编写建议

（1）依据本课程标准编写教材，且教材应充分体现任务引领、实践导向的课程设计思想。

（2）以"工作任务"为主线来设计教材，结合职业技能鉴定要求，以岗位需要为原则来确定教学内容，根据完成专业教学任务的需要来组织教材内容。

（3）教材应体现通用性、实用性、先进性，要反映本专业的新技术、新知识，教学活动的选择和设计要科学、具体、可操作。

（4）教材文字表述要精练、准确，内容呈现应做到图文并茂，力求易学、易懂。

### 4.4 资源开发利用建议

（1）注重实训室、课堂配套练习题和实训教材的开发与应用。

（2）注重多媒体教学资源库、多媒体教学课件和多媒体仿真软件等现代化教学资源的开发与利用，努力实现跨学校多媒体资源的共享，以提高课程资源的利用率。

（3）积极开发和利用网络课程资源，充分利用电子书籍、电子期刊、数字图书馆、教育网站和电子论坛等网络信息资源。

（4）充分利用学校的实训设施设备，将教学与实训合一，满足学生综合职业能力培养的需要。

# "结构设计与工艺（4）"课程标准

**课程名称**：结构设计与工艺（4）

**课程代码**：072294

**学时**：126　**学分**：7　**理论学时**：56　**实训学时**：70　**考核方式**：随堂考试

**先修课程**：成衣基础工艺、服装结构设计基础、结构设计与工艺（1～3）

**适用专业**：服装与服饰设计专业

**开课院系**：上海市群益职业技术学校服装与服饰设计专业教研室

**教材**：《服装结构制图（第6版）》（徐雅琴主编，高等教育出版社，2021年）

**主要参考书**：[1] 日本文化服装学院编. 裙子·裤子. 张祖芳，等译. 上海：东华大学出版社，2005.

　　　　　　[2] 吕学海. 服装结构制图. 北京：中国纺织出版社，2003.

　　　　　　[3] 张明德. 服装缝制工艺. 北京：高等教育出版社，2019.

## 1 课程性质及设计思路

### 1.1 课程性质

"结构设计与工艺（4）"是服装与服饰设计专业的一门专业核心必修课程。本课程体现理论与实践一体化的教学思想，突出以能力为本位、以应用为目的的职业教育特色。本课程系统地讲述了上衣（单）结构设计的基础知识、国家标准、基本原理，详细讲述了上衣（单）基本款和变化款的结构设计与工艺的步骤以及各部位的组合关系和变化规律。经过课堂辅导与训练，学生能具有上衣（单）结构设计与工艺的基本技能和解决实际问题的能力。

### 1.2 设计思路

本课程的总体设计思路是，坚持"做中学、做中教"，积极探索理论和实践相结合的教学模式，通过任务引领、上衣基本款和变化款制作及上衣结构设计变化原理讲解等项目活动，引导学生通过学习过程的体验，提高学习兴趣，激发学习动力，让学生能了解上衣结构设计的概念、上衣的分类，掌握上衣的结构设计与工艺方法，具备能根据上衣款式图转化为平面结构图的技能技巧，理解上衣的结构设计原理与工艺制作的要求。在组织课堂教学时，应以立足于培养学生上衣结构图的绘制能力、上衣缝制的技能，用各种方式激励学生学习。建议用项目教学法进行教学。

课程内容选取上衣基本款和变化款，紧紧围绕上衣结构设计的要点，学会根据上衣结构设计及缝制工艺的实际应用方法，进行上衣基本款和变化款的全过程制作。同时，充分考虑本专业中职生对相关理论知识的理解层次，融入相应的理论知识，为学生今后在高职阶段的学习打下重要的基础。

课程内容组成，以上衣基本款到变化款的递进为线索设计，包含上衣结构设计，上衣基本款样板制作、排料与裁剪及粘衬，上衣基本款缝制工艺，上衣变化款样板制作、排料与裁剪及粘衬，上衣变化款缝制工艺5个工作任务。

本课程建议为126课时。

## 2 课程目标

### 2.1 能力目标

通过本课程的学习，学生能够运用上衣结构设计的基础知识，掌握上衣基本款和变化款结构设计与工艺的基本理论及技能。

## 2.2 知识目标

了解上衣结构设计的基础知识、基本原理及工艺缝制的操作步骤以及上衣分类，掌握人体测量的基本方法、人体体型与服装结构设计及工艺的关系。

## 2.3 素质目标

（1）具有热爱本职工作、爱岗敬业、乐于奉献的精神；

（2）具有进行上衣（单）基本款及变化款结构设计与工艺的基本能力；

（3）培养学生积极思考、勇于探索的精神；

（4）具有团结协作精神。

## 3　课程内容与要求

**表 1 课程内容与要求**

| 任务序号 | 教学任务 | 活动内容 | 活动要求 | 活动设计建议 /实训技能要点 | 参考课时 |
|---|---|---|---|---|---|
| 任务一 | 上衣结构设计 | 1. 上衣的分类。<br>2. 男、女上衣基本款结构设计。<br>3. 男、女上衣变化款结构设计。 | 1. 了解上衣分类方法。<br>2. 学会上衣基本款与变化款结构设计原理与方法。<br>3. 理解变化款上衣的特点。<br>4. 在学会前述几种上衣结构设计方法的基础上，能进行相应地拓展。 | 1. 教师讲解上衣的分类，并阐述各种类型之间的相互关系。<br>2. 教师在引领学生学习时讲透要领，注重学生的发散型思维培养。<br>3. 学生分组学习。<br>实训项目：<br>上衣结构图绘制。 | 24 |
| 任务二 | 上衣基本款样板制作、排料与裁剪及粘衬 | 1. 选取女上衣基本款中的分割型翻驳领女上衣和男上衣基本款中的夹克衫作为实训实例。<br>2. 男、女上衣基本款的结构设计。<br>3. 男、女上衣基本款的样板制作。<br>4. 男、女上衣基本款的排料、裁剪及粘衬。 | 1. 掌握男、女上衣中人体测量及加放松量的要求和方法。<br>2. 独立进行男、女上衣基本款的结构设计。<br>3. 掌握男、女上衣基本款的样板制作方法。<br>4. 在完成男、女上衣基本款上述内容的基础上进行排料与裁剪及粘衬。 | 1. 在掌握男、女上衣基本款的基础上，建议用学生自己的规格进行结构制图。<br>2. 排料的要点掌握，本着节约的要求进行排料与裁剪，强调面料正反与丝缕的正确处理方法。<br>实训项目：<br>1. 男、女上衣基本款结构图绘制。<br>2. 男、女上衣样板制作。<br>3. 男、女上衣排料与裁剪及粘衬。 | 20 |

表 1（续）

| 任务序号 | 教学任务 | 活动内容 | 活动要求 | 活动设计建议 / 实训技能要点 | 参考课时 |
|---|---|---|---|---|---|
| 任务三 | 上衣基本款缝制工艺 | 1.上衣基本款的工艺单制作要求。<br>2.工艺流程设计要求。<br>3.检查裁片数量及相关的辅料裁配。<br>4.工艺操作（根据工艺流程要求进行相关的操作）。<br>5.质量检验。 | 1.了解上衣基本款工艺单。<br>2.根据实物与工艺单进行工艺流程的排序编制。<br>3.学会在工艺操作前对相关材料进行检查与补缺。<br>4.学会上衣基本款的缝制工艺。<br>5.学会对自己产品进行质量检查与编制改进意见等。 | 1.通过 PPT 课件和视频让学生了解男、女上衣的缝制工艺。<br>2.用上衣实物让学生理解各部位的组合关系。<br>4.教师分步演示上衣的缝制方法。<br>实训项目：<br>1.男、女上衣工艺单制作。<br>2.男、女上衣缝纫制作。 | 40 |
| 任务四 | 上衣变化款样板制作、排料与裁剪及粘衬 | 1.选取上衣变化款中的某 1 款作为实训的应用实例。<br>2.上衣变化款的结构设计。<br>3.上衣变化款的样板制作。<br>4.上衣变化款的排料与裁剪及粘衬。 | 1.独立进行上衣变化款的结构设计。<br>2.掌握上衣变化款的样板制作方法。<br>3.在完成上衣变化款上述内容的基础上进行排料与裁剪及粘衬。 | 1.在掌握上衣变化款的基础上，建议用学生自己的规格进行结构制图。<br>2.掌握排料要点，本着节约的要求进行排料与裁剪，正确处理面料正反、丝缕方向，强调衣领及挂面的裁配方法。<br>实训项目：<br>1.变化款上衣结构图绘制。<br>2.变化款上衣样板制作。<br>3.变化款上衣排料与裁剪及粘衬。 | 20 |
| 任务五 | 上衣变化款缝制工艺 | 1.上衣变化款的工艺单制作要求。<br>2.工艺流程设计要求。<br>3.检查裁片数量及相关的辅料裁配。<br>4.工艺操作（根据工艺流程要求进行相关的操作）。<br>5.质量检验。 | 1.了解上衣变化款工艺单。<br>2.根据实物与工艺单进行工艺流程的排序编制。<br>3.学会在工艺操作前对相关材料进行检查与补缺。<br>4.学会上衣变化款的缝制工艺。<br>5.学会对产品进行质量检查与编制改进意见等。 | 1.通过 PPT 课件和视频，让学生了解上衣变化款的缝制工艺。<br>2.用上衣实物让学生理解各部位的组合关系。<br>3.在制作中掌握男、女上衣衣领的制作，装领及装袖的要领与技巧。<br>4.教师分步演示上衣变化款的缝制方法。<br>实训项目：<br>1.上衣变化款工艺单制作。<br>2.上衣变化款缝纫制作。 | 22 |

## 4 教学建议

在组织"结构设计与工艺（4）"课程教学时，应立足于加强学生实际操作能力的培养，采用理论讲授法、项目教学法，结合学生分组训练、教师讲评等方式，提高学生的学习兴趣。

### 4.1 教学实施建议

（1）在教学过程中，应立足于加强学生实际操作能力的培养，采用任务引领、项目教学的方法，

提高学生的学习兴趣，激发学生的成就感。

（2）在教学过程中，教师示范和学生分组操作训练、学生提问和教师解答的有机结合，通过"教"与"学"的师生互动，学生能熟悉掌握上衣结构设计与工艺的应用技能，学会上衣结构设计与工艺方法。

（3）在教学过程中，要创设工作情境，紧密结合本专业方向课程的要求，加强操作训练，使学生掌握上衣结构设计与工艺的基本原理和构成方法，提高学生的动手和创新能力。

（4）在教学过程中，要充分运用实物、图片、多媒体等教学手段来直观演示教学内容。

（5）在教学过程中，要及时关注结构设计与工艺课程方面的新的发展趋势，为学生提供后续课程的发展空间，为努力培养学生的职业能力和创新精神打下良好的基础。

### 4.2 教学评价建议

（1）以学习目标为评价标准，采用阶段评价、目标评价、理论与实践一体化的的评价模式。

（2）关注评价的多元化，结合课堂提问、学生作业、平时测验、实验实训、技能竞赛及考试情况，综合评定学生成绩。

（3）应注重对学生的动手能力和在实践中分析、解决问题能力的考核，对在结构设计与工艺课程学习和应用上有创新的学生应给予特别鼓励，综合评价学生的能力。

### 4.3 教材编写建议

（1）依据本课程标准编写教材，且教材应充分体现任务引领、实践导向的课程设计思想。

（2）以"工作任务"为主线来设计教材，结合职业技能鉴定要求，以岗位需要为原则来确定教学内容，根据完成专业教学任务的需要来组织教材内容。

（3）教材应体现通用性、实用性、先进性，要反映本专业的新技术、新知识，教学活动的选择和设计要科学、具体、可操作。

（4）教材文字表述要精练、准确，内容呈现应做到图文并茂，力求易学、易懂。

### 4.4 资源开发利用建议

（1）注重实训室、课堂配套练习题和实训教材的开发与应用。

（2）注重多媒体教学资源库、多媒体教学课件和多媒体仿真软件等现代化教学资源的开发与利用，努力实现跨学校多媒体资源的共享，以提高课程资源的利用率。

（3）积极开发和利用网络课程资源，充分利用电子书籍、电子期刊、数字图书馆、教育网站和电子论坛等网络信息资源。

（4）充分利用学校的实训设施设备，将教学与实训合一，满足学生综合职业能力培养的需要。

# "服装与服饰设计（1）"课程标准

**课程名称：**服装与服饰设计（1）

**课程代码：**072302

**学时：**54　**学分：**3　**理论学时：**24　**实训学时：**30　**考核方式：**随堂考试

**先修课程：**素描、色彩、速写、构成原理、服装画技法

**适用专业：**服装与服饰设计专业

**开课院系：**上海市群益职业技术学校服装与服饰设计专业教研室

**教材：**《手绘服装款式设计与表现1288例》（潘璠编著，中国纺织出版社，2016年）

**主要参考书：**[1] 孙琰 . 服装款式设计技法速成 . 北京：化学工业出版社，2015.

　　　　　　　[2] 田秋实 . 服装款式设计与表现 . 北京：中国轻工业出版社，2015.

## 1 课程性质及设计思路

### 1.1 课程性质

"服装与服饰设计（1）"是服装与服饰设计专业的一门专业核心必修课程。本课程针对专业方向的需要，在教学过程中让学生了解服装与服饰设计的基础知识，熟悉人体各部位和服装与服饰设计的关系。基于服装与服饰的功能性与服装产业的需求，学生需要掌握服装整体和局部款式的表现方法。还要学会服装的款式、配饰与服装搭配的方法，理解整体形象与风格定位的关系。经过课堂辅导和训练，为学生后续课程学习及将来从事相应岗位的工作打下良好的理论和技能基础。

### 1.2 设计思路

本课程的总体设计思路是，在课堂教学中先向学生讲授服装与服饰设计的基础知识，同时通过技能培养并重的方法（例如案例实训、教师示范、学生实践），培养学生能使用服装与服饰设计的表现方法进行服装与服饰设计创意。结合服装图案与服装设计的相关原理，安排课程内容循序渐进、由简到难，将理论与实践技能相结合，使学生能用各种工具和技法将服装设计构思通过不同的款式和搭配，以直观的形象表达出来。

为提高教学效果，通过先出题目的形式让学生探索与寻找解决方法，在探索过程中加深学生对服装与服饰设计的授课内容的理解。然后主要通过小组竞赛的方式，提高学生的学习积极性和团体合作精神，保证了学生专业能力、方法能力和社会能力的全面培养。

课程内容组成，以服装与服饰设计与人体的关系为线索设计，包含服装与服饰设计方法、服装与服饰设计的表现、服饰设计风格的表达、服装局部设计、旗袍服饰设计（拓展）5个工作任务。

本课程建议为54课时。

## 2 课程目标

### 2.1 能力目标

通过本课程的学习，学生能够进行服装局部设计、旗袍服饰设计等，充分掌握服装与服饰设计的基本技能。

## 2.2 知识目标

了解服装与服饰设计的重要作用和概念等；熟悉服装与服饰设计的具体表现方法和基本技能；了解人体和服装与服饰的关系，并以多样性的手法表现服装与服饰设计的具体过程。

## 2.3 素质目标

（1）具有热爱本职工作、爱岗敬业、乐于奉献的精神；

（2）具有进行服装与服饰设计的基本能力；

（3）形成对服装与服饰设计作品的检查与评价、解决问题的分析判断能力；

（4）具有团结协作精神。

## 3 课程内容与要求

表 1 课程内容与要求

| 任务序号 | 教学任务 | 活动内容 | 活动要求 | 活动设计建议 / 实训技能要点 | 参考课时 |
|---|---|---|---|---|---|
| 任务一 | 服装与服饰设计的方法 | 1. 服饰设计方法的定义。<br>2. 服饰设计的主要方法。 | 1. 了解服饰设计方法的概念。<br>2. 了解服饰设计方法的应用前提（Who、When、Where、Why、What、How）。<br>3. 掌握服饰设计的逆向法、变换法、追踪法、联想法、结合法、限定法等。 | 1. 建议通过丰富多彩的范例图片引起学生的兴趣。<br>2. 收集服装与服饰设计的资料。<br>3. 教师采用整体教学和分组教学相结合，进行分析、讲解、示范、修改。<br>实训项目：<br>模拟开发设计方案。 | 4 |
| 任务二 | 服装与服饰设计的表现 | 1. 服饰设计表现的定义。<br>2. 服饰设计表现的形式。<br>3. 服饰设计表现的流程。<br>4. 服饰设计表现的选择。 | 1. 了解服饰设计表现的概念、内容和作用。<br>2. 了解服饰设计的平面表现和立体表现的形式。<br>3. 了解服饰设计表现的基本流程与特殊流程。 | 1. 教师带领学生到企业参观设计工作室，观看设计过程与表现形式，加强对设计生产的了解。<br>2. 邀请企业设计师来校指导。<br>3. 教师采用整体教学和分组教学相结合，进行分析、讲解、示范、修改。<br>实训项目：<br>模拟产品开发设计。 | 10 |

表 1（续）

| 任务序号 | 教学任务 | 活动内容 | 活动要求 | 活动设计建议 / 实训技能要点 | 参考课时 |
|---|---|---|---|---|---|
| 任务三 | 服饰设计风格的表达 | 1. 服饰设计风格的种类。<br>2. 新古典主义风格。<br>3. 解构主义风格。<br>4. 极简主义风格。<br>5. 朋克风格。<br>6. 其它常见服饰表现风格。 | 1. 了解服饰品风格表现的概念、内容和作用。<br>2. 了解服饰品设计风格表现的方式方法。<br>3. 掌握服饰品设计风格表现的手段。 | 1. 通过多种途径寻找各类设计风格素材并分类。<br>2. 制作各类型风格装饰海报或装饰画。<br>3. 教师采用整体教学和分组教学相结合，进行分析、讲解、示范、修改。<br>实训项目：<br>学生自主学习，制作风格分类的主题 ppt 作业，并发表。 | 10 |
| 任务四 | 服装局部设计 | 1. 服装局部结构设计的意义。<br>2. 领的设计。<br>3. 袖的设计。<br>4. 口袋的设计。<br>5. 衣身的设计。 | 1. 了解服装局部设计的意义和作用。<br>2. 学会局部设计的方法。<br>3. 学会通过局部设计提高服饰设计亮点。 | 1. 通过网络、杂志等各种途径，收集具体设计优秀案例。<br>2. 以局部设计为切入点，完成系列服装设计草图。<br>3. 教师采用整体教学和分组教学相结合，进行分析、讲解、示范、修改。<br>实训项目：<br>服装局部设计图稿绘制。 | 14 |
| 任务五 | 旗袍服饰设计（拓展） | 1. 中式服装的发展与演变。<br>2. 旗袍的种类与工艺。<br>3. 盘扣制作与设计。 | 1. 了解中式服装设计的特点和发展过程。<br>2. 学会部分旗袍常用制作工艺技巧。<br>3. 学会旗袍盘扣制作及设计方法。 | 教师采用整体教学和分组教学相结合，进行分析、讲解、示范、修改。<br>实训项目：<br>1. 制作中式服装年代分类海报。<br>2. 制作小人台旗袍模型。<br>3. 设计制作旗袍盘扣。 | 16 |

## 4 教学建议

在组织"服装与服饰设计（1）"课程教学时，应以立足于培养学生的岗位职业能力，能结合款式图的要求，做出转化为结构图与工艺成品的可行性设计。

### 4.1 教学实施建议

（1）在教学过程中，应立足于加强学生实际操作能力的培养，采用任务引领、项目教学的方法，提高学生的学习兴趣，激发学生的成就感。

（2）在教学过程中，通过教师示范和学生分组操作训练、学生提问和教师解答的有机结合，即"教"与"学"的师生互动，学生能熟悉掌握服装与服饰设计技法表现基本技能，学会服装与服饰设计的表现方法。

（3）在教学过程中，要创设工作情境，紧密结合本专业方向课程的要求，加强操作训练，使学生

掌握服装与服饰设计技法的技能和要求，提高学生的动手和创新能力。

（4）在教学过程中，要充分运用实物、图片、多媒体等教学手段来直观演示教学内容。

（5）在教学过程中，要及时关注服装与服饰设计课程方面的新的发展趋势，为学生提供后续课程的发展空间，为努力培养学生的职业能力和创新精神打下良好的基础。

### 4.2 教学评价建议

（1）以学习目标为评价标准，采用阶段评价、目标评价、理论与实践一体化的的评价模式。

（2）关注评价的多元化，结合课堂提问、学生作业、平时测验、实验实训、技能竞赛及考试情况，综合评定学生成绩。

（3）应注重对学生的动手能力和在实践中分析、解决问题能力的考核，对在服装与服饰设计课程学习和应用上有创新的学生应给予特别鼓励，综合评价学生的能力。

### 4.3 教材编写建议

（1）依据本课程标准编写教材，且教材应充分体现任务引领、实践导向的课程设计思想。

（2）以"工作任务"为主线来设计教材，结合职业技能鉴定要求，以岗位需要为原则来确定教学内容，根据完成专业教学任务的需要来组织教材内容。

（3）教材应体现通用性、实用性、先进性，要反映本专业的新技术、新知识，教学活动的选择和设计要科学、具体、可操作。

（4）教材文字表述要精练、准确，内容呈现应做到图文并茂，力求易学、易懂。

### 4.4 资源开发利用建议

（1）注重实训室、课堂配套练习题和实训教材的开发与应用。

（2）注重多媒体教学资源库、多媒体教学课件和多媒体仿真软件等现代化教学资源的开发与利用，努力实现跨学校多媒体资源的共享，以提高课程资源的利用率。

（3）积极开发和利用网络课程资源，充分利用电子书籍、电子期刊、数字图书馆、教育网站和电子论坛等网络信息资源。

（4）充分利用学校的实训设施设备，将教学与实训合一，满足学生综合职业能力培养的需要。

# "服装与服饰设计（2）"课程标准

**课程名称：**服装与服饰设计（2）

**课程代码：**072302

**学时：**84　**学分：**6　**理论学时：**36　**实训学时：**48　**考核方式：**随堂考试

**先修课程：**素描、色彩、速写、构成原理、服装画技法、服装与服饰设计（1）

**适用专业：**服装与服饰设计专业

**开课院系：**上海市群益职业技术学校服装与服饰设计专业教研室

**教材：**《手绘服装款式设计与表现 1288 例》（潘璠编著，中国纺织出版社，2016 年）

**主要参考书：**[1] 孙琰 . 服装款式设计技法速成 . 北京：化学工业出版社，2015.

　　　　　　　[2] 田秋实 . 服装款式设计与表现 . 北京：中国轻工业出版社，2015.

## 1　课程性质及设计思路

### 1.1 课程性质

"服装与服饰设计（2）"是服装与服饰设计专业的一门专业核心必修课程。本课程针对专业方向的需要，在"服装与服饰设计（1）"的基础上，在教学过程中让学生了解服装与服饰设计的表现方法，熟悉各类服饰品和服装与服饰设计的关系。基于服装与服饰的功能性与服装产业的需求，学生需要掌握服装整体和局部款式的表现方法。此外，还要学会服装的款式、配饰与服装搭配的方法，理解整体形象与风格定位的关系。经过课堂辅导和训练，使学生为后续课程学习及将来从事相应岗位的工作打下良好的理论和技能基础。本课程标准适用于中职阶段服装与服饰设计的工作任务，后期则在高职阶段由"服装与服饰设计（3）"和"服装与服饰设计（4）"完成。

### 1.2 设计思路

本课程的总体设计思路是，在课堂教学中先向学生讲授服装与服饰设计的表现方法，同时通过技能培养并重的方法（例如案例实训、教师示范、学生实践），培养学生能使用服装与服饰设计的表现方法进行服装与服饰设计创意。结合服装图案与服装设计的相关原理，安排课程内容循序渐进、由简到难，将理论与实践技能相结合，使学生能用各种工具和技法将服装设计构思通过不同的款式和搭配，以直观形象表达出来。

为提高教学效果，通过出题目方式让学生先探索与寻找解决方法，在探索过程中加深他们对服装与服饰设计的授课内容的理解。然后主要通过小组竞赛的方式,提高学生的学习积极性和团体合作精神，保证了学生专业能力、方法能力和社会能力的全面培养。

课程内容组成，以服饰品设计及综合表现运用为线索设计，包含了包袋、鞋、头饰、颈饰及服装与服饰设计综合运用 5 个工作任务。

本课程建议为 84 课时。

## 2　课程目标

### 2.1 能力目标

通过本课程的学习，学生能够进行各类服饰品设计和服装与服饰设计综合运用等，充分掌握服装与服饰设计的基本技能。

## 2.2 知识目标

了解服装与服饰设计的重要作用与概念；熟悉服装与服饰设计的具体表现方法和基本技能；了解人体和服装与服饰的关系，以及以多样性的手法表现服装与服饰设计的具体过程。

## 2.3 素质目标

（1）具有热爱本职工作、爱岗敬业、乐于奉献的精神；

（2）具有进行服装与服饰设计的基本能力；

（3）形成对服装与服饰设计作品检查与评价、解决问题的分析判断能力；

（4）具有团结协作精神。

## 3 课程内容与要求

表 1 课程内容与要求

| 任务序号 | 教学任务 | 活动内容 | 活动要求 | 活动设计建议 / 实训技能要点 | 参考课时 |
|---|---|---|---|---|---|
| 任务一 | 包袋 | 1.包袋在服装设计中的运用。<br>2.包袋的设计与制作。 | 1.了解包袋的种类及制作材料。<br>2.了解包袋的设计要素。<br>3.掌握包袋的设计方法，绘制设计效果图。<br>4.了解包袋的制作工艺 | 1.了解人物与服装及包袋装饰规律。<br>2.学会各类包饰的搭配设计。<br>3.开发包袋的设计方案。<br>4.教师采用整体教学和分组教学相结合，进行分析、讲解、示范、修改。<br>实训项目：<br>将设计方案的制作成成品。 | 16 |
| 任务二 | 鞋 | 1.鞋在服饰设计中的运用。<br>2.鞋的设计与制作。 | 1.了解鞋的种类及号型。<br>2.了解鞋的设计要素。<br>3.掌握鞋的设计方法，绘制设计效果图。<br>4.了解鞋的制作工艺。 | 1.开发创意鞋款设计方案。<br>2.完成改造或装饰旧鞋设计。<br>3.教师采用整体教学和分组教学相结合，进行分析、讲解、示范、修改。<br>实训项目：<br>按设计方案制作成品。 | 16 |
| 任务三 | 头饰 | 1.头饰在服装设计中的运用。<br>2.头饰的设计与制作。 | 1.了解头饰的种类：帽子、发饰等。<br>2.了解头饰的设计要素。<br>3.掌握头饰的设计方法，绘制设计效果图。<br>4.了解头饰的制作工艺。 | 教师采用整体教学和分组教学相结合，进行分析、讲解、示范、修改。<br>实训项目：<br>1.设计开发一款帽子和一款发饰，并绘制效果图。<br>2.改造装饰一款帽子。<br>3.完成设计制作成品。 | 16 |

表 1（续）

| 任务序号 | 教学任务 | 活动内容 | 活动要求 | 活动设计建议 / 实训技能要点 | 参考课时 |
|---|---|---|---|---|---|
| 任务四 | 颈饰 | 1. 颈饰在服饰设计中的运用。<br>2. 颈饰的设计与制作。 | 1. 了解颈饰的种类：领带、项链、围巾等。<br>2. 了解颈饰的设计要素。<br>3. 掌握颈饰的设计方法，绘制设计效果图。<br>4. 了解颈饰的制作工艺。 | 教师采用整体教学和分组教学相结合，进行分析、讲解、示范、修改。<br>实训项目：<br>1. 立体颈饰装饰海报制作。<br>2. 领带结法竞赛。<br>3. 创意颈饰设计。 | 16 |
| 任务五 | 服装与服饰设计综合运用 | 1. 系列服装设计。<br>2. 系列配饰设计。 | 1. 了解系列服饰设计的特点。<br>2. 掌握系列服饰设计的方法。<br>3. 绘制设计效果图。 | 教师采用整体教学和分组教学相结合，进行分析、讲解、示范、修改。<br>实训项目：<br>1. 绘制系列服饰设计效果图展板。<br>2. 通过前期所学知识完成系列服饰成品设计制作。<br>3. 服饰品静、动态展示。 | 20 |

## 4 教学建议

在组织"服装与服饰设计（2）"课程教学时，应以立足于培养学生的岗位职业能力，能结合款式图的要求，做出转化为结构图与工艺成品的可行性设计。

### 4.1 教学实施建议

（1）在教学过程中，应立足于加强学生实际操作能力的培养，采用任务引领、项目教学的方法，提高学生的学习兴趣，激发学生的成就感。

（2）在教学过程中，有机结合教师示范和学生分组操作训练、学生提问和教师解答，通过"教"与"学"的师生互动，学生能熟悉掌握服装与服饰设计技法表现基本技能，学会服装与服饰设计的表现方法。

（3）在教学过程中，要创设工作情境，紧密结合本专业方向课程的要求，加强操作训练，使学生掌握服装与服饰设计技法的技能和要求，提高学生的动手和创新能力。

（4）在教学过程中，要充分运用实物、图片、多媒体等教学手段来直观演示教学内容。

（5）在教学过程中，要及时关注服装与服饰设计课程方面的新的发展趋势，为学生提供后续课程的发展空间，为努力培养学生的职业能力和创新精神打下良好的基础。

### 4.2 教学评价建议

（1）以学习目标为评价标准，采用阶段评价、目标评价、理论与实践一体化的的评价模式。

（2）关注评价的多元化，结合课堂提问、学生作业、平时测验、实验实训、技能竞赛及考试情况，综合评定学生成绩。

（3）应注重对学生的动手能力和在实践中分析、解决问题能力的考核，对在服装与服饰设计课程学习和应用上有创新的学生应给予特别鼓励，综合评价学生的能力。

### 4.3 教材编写建议

（1）依据本课程标准编写教材，且教材应充分体现任务引领、实践导向的课程设计思想。

（2）以"工作任务"为主线来设计教材，结合职业技能鉴定要求，以岗位需要为原则来确定教学内容，根据完成专业教学任务的需要来组织教材内容。

（3）教材应体现通用性、实用性、先进性，要反映本专业的新技术、新知识，教学活动的选择和设计要科学、具体、可操作。

（4）教材文字表述要精练、准确，内容呈现应做到图文并茂，力求易学、易懂。

### 4.4 资源开发利用建议

（1）注重实训室、课堂配套练习题和实训教材的开发与应用。

（2）注重多媒体教学资源库、多媒体教学课件和多媒体仿真软件等现代化教学资源的开发与利用，努力实现跨学校多媒体资源的共享，以提高课程资源的利用率。

（3）积极开发和利用网络课程资源，充分利用电子书籍、电子期刊、数字图书馆、教育网站和电子论坛等网络信息资源。

（4）充分利用学校的实训设施设备，将教学与实训合一，满足学生综合职业能力培养的需要。

# "立体造型设计（1）"课程标准

**课程名称：** 立体造型设计（1）

**课程代码：** 072252

**学时：** 128　**学分：** 6　**理论学时：** 48　**实训学时：** 80　**考核方式：** 随堂考试

**先修课程：** 服装与服饰设计、结构设计与工艺

**适用专业：** 服装与服饰设计专业

**开课院系：** 上海市群益职业技术学校服装与服饰设计专业教研室

**教材：** 《服装立体裁剪技术》（戴建国编著，中国纺织出版社，2012年）

**主要参考书：** [1] 刘咏梅.服装立体裁剪基础篇.上海：东华大学出版社，2014.

[2] 张文斌.服装立体裁剪.北京：中国纺织出版社，2012.

[3] 日本文化服装学院编.立体裁剪基础篇.张祖芳，等译.上海：东华大学出版社，
2005.

[4] 张祖芳，等.服装立体裁剪.青岛：中国海洋大学出版社，2018.

## 1 课程性质及设计思路

### 1.1 课程性质

"立体造型设计（1）"是服装与服饰设计专业的一门专业核心必修课程。本课程是针对专业方向的需要，使学生全面了解服装立体造型设计的基本理论，准确掌握人体结构、面料与立体造型的关系的实践操作类课程。其着重学习裙装、上衣、礼服等各类服装的立体造型设计的构成方法。通过对一些优秀立体造型设计案例的介绍，提高学生审美鉴赏能力，提升学生的设计能力和动手能力，使学生具备基本的立体造型设计的表现能力。

### 1.2 设计思路

本课程的总体设计思路是，在课堂教学中先向学生讲授立体造型设计的基本知识。在讲授知识的同时，通过技能培养并重的方法（例如案例实训、教师示范、学生实践），培养学生能使用立体造型设计的表现方法进行服装立体造型设计创意。结合服装图案与服装设计的相关原理，安排课程内容循序渐进、由简到难，将理论与实践技能相结合，使学生能用所学立体造型设计知识进行裙装、上衣及礼服等作品制作，以直观形象表达出来。

课程内容的选取根据立体造型设计的特点进行归纳与分析，紧紧围绕立体造型设计的要求及方法；同时，充分考虑本专业中职生对相关理论知识的理解层次，融入相应的理论知识。

课程内容组成，以立体造型设计的操作方法为线索设计，包含了立体造型设计基础知识、人台标志线的标准粘贴、上衣衣身立体造型设计、衣领立体造型设计、裙装基本款立体造型设计、裙装变化款立体造型设计、礼服变化款立体造型设计7个工作任务。

本课程建议为128课时。

## 2 课程目标

### 2.1 能力目标

通过本课程的学习，学生能够掌握裙装、上衣、礼服的立体造型设计操作要领，充分掌握立体造

型设计的基本技能。

## 2.2 知识目标

了解立体造型设计基础知识；熟悉立体造型设计构成的操作步骤；了解立体造型设计与人体结构、面料特性及款式的关系，并以多样性的手法表现立体造型设计塑造的具体过程。

## 2.3 素质目标

（1）具有热爱本职工作、爱岗敬业、乐于奉献的精神；

（2）具有进行立体造型设计的基本能力；

（3）形成对立体造型设计作品检查与评价、解决问题的分析判断能力；

（4）具有团结协作精神。

## 3 课程内容与要求

表 1 课程内容与要求

| 任务序号 | 教学任务 | 活动内容 | 活动要求 | 活动设计建议 /实训技能要点 | 参考课时 |
|---|---|---|---|---|---|
| 任务一 | 立体造型设计基础知识 | 1.立体造型设计的概念。<br>2.国内外立体造型设计技术的发展。<br>3.立体造型设计的工具。<br>4.立体造型设计的针法。<br>5.立体造型设计的9个操作流程。 | 1.理解立体造型的概念。<br>2.了解国内外立体造型设计的发展。<br>3.知晓立体造型设计的常用工具。<br>4.学会立体造型设计的针法。<br>5.学会立体造型设计的9个操作流程。 | 1.教师带领学生参观上一届学生的立体造型设计作品。<br>2.欣赏品牌服装的立体造型设计作品，加深对立体造型设计的认识。 | 4 |
| 任务二 | 服装人台标志线的标准粘贴 | 1.人台标志线的粘贴要求。<br>2.人台纵向标志线的贴置。<br>3.人台横向标志线的贴置。 | 1.了解人台标志线的粘贴要求。<br>2.熟悉贴置标志线的部位。<br>3.学会在人台上正确贴置纵向、横向标志线。 | 1.教师通过视频或PPT课件演示来讲解;学生操作。<br>2.学生完成作品，并根据制作要求自评。<br>3.师生互评作品。<br>4.交流操作感受。<br>5.教师进行个别指导并记录操作不良现象。<br>6.教师点评学生的操作。<br>7.学习小组进行合作讨论与总结作品的制作要点。 | 8 |

表 1（续）

| 任务序号 | 教学任务 | 活动内容 | 活动要求 | 活动设计建议／实训技能要点 | 参考课时 |
|---|---|---|---|---|---|
| 任务三 | 上衣衣身立体造型设计 | 1.坯布准备（取料）。<br>2.画纵、横布纹线。<br>3.取布料并丝缕归正。<br>4.前衣身立体造型设计的造型。<br>5.后衣身立体造型设计的造型。<br>6.根据造型线描点。<br>7.布样整理制作。 | 1.了解坯布取料的要求。<br>2.学会正确画出布纹线。<br>3.完成前衣身立体造型设计布样。<br>4.完成后衣身立体造型设计布样。<br>5.根据结构线描点，取布样。<br>6.学会衣身布样整理制作。<br>7.展示衣身立体造型设计作品。 | 1.教师通过视频或PPT课件演示来讲解;学生操作。<br>2.学生完成作品，并根据制作要求自评。<br>3.师生互评作品。<br>4.交流操作感受。<br>5.教师进行个别指导并记录操作不良现象。<br>6.教师点评学生的操作。<br>7.学习小组进行合作讨论与总结作品的制作要点。 | 24 |
| 任务四 | 衣领立体造型设计 | 1.根据款式贴衣领造型标志线。<br>2.取布料并丝缕归正。<br>3.衣领立体造型设计造型。<br>4.根据造型线描点。<br>5.布样整理制作。 | 1.学会根据款式正确贴出衣领造型。<br>2.学会画出正确的布纹线。<br>3.完成衣领立体造型设计布样。<br>4.根据结构线描点，取布样。<br>5.学会衣领布样整理制作。<br>6.展示衣领立体造型设计作品。 | 1.教师通过视频或PPT课件演示来讲解;学生操作。<br>2.学生完成作品，并根据制作要求自评。<br>3.师生互评作品。<br>4.交流操作感受。<br>5.教师进行个别指导并记录操作不良现象。<br>6.教师点评学生的操作。<br>7.学习小组进行合作讨论与总结作品的制作要点。 | 24 |
| 任务五 | 裙装基本款立体造型设计 | 1.坯布准备（取料）。<br>2.画纵横布纹线。<br>3.布料丝缕归正。<br>4.前裙片立体造型设计造型。<br>5.后裙片立体造型设计造型。<br>6.根据造型线描点。<br>7.布样整理制作。 | 1.了解坯布取料的要求。<br>2.学会正确画出布纹线。<br>3.完成前裙片立体造型设计布样。<br>4.完成后裙片立体造型设计布样。<br>5.根据结构线描点，取布样。<br>6.学会裙片布样整理制作。<br>7.展示裙片立体造型设计作品。 | 1.教师通过视频或PPT课件演示来讲解;学生操作。<br>2.学生完成作品，并根据制作要求自评。<br>3.师生互评作品。<br>4.交流操作感受。<br>5.教师进行个别指导并记录操作不良现象。<br>6.教师点评学生的操作。<br>7.学习小组进行合作讨论与总结作品的制作要点。 | 24 |

表1（续）

| 任务序号 | 教学任务 | 活动内容 | 活动要求 | 活动设计建议 /实训技能要点 | 参考课时 |
|---|---|---|---|---|---|
| 任务六 | 裙装变化款（波浪裙、抽褶裙）立体造型设计 | 1. 根据款式贴裙造型标志线。<br>2. 合理计算布料，取料，归正布面丝缕。<br>3. 前裙片立体造型设计的造型。<br>4. 后裙片立体造型设计的造型。<br>5. 根据造型线描点。<br>6. 布样整理制作。 | 1. 在基本款裙装学习的基础上，进行变化款（波浪裙的和抽褶裙）的立体造型设计造型。<br>2. 根据款式合理设置波浪大小，学会固定波浪位置的方法。<br>3. 根据款式合理设置抽褶量，学会控制抽褶量的方法。<br>4. 掌握变化款裙装立体造型设计的要点及技巧。<br>5. 能达到独立操作的能力，并符合质量要求。 | 1. 教师通过视频或PPT课件演示来讲解；学生操作。<br>2. 学生完成作品，并根据制作要求自评。<br>3. 师生互评作品。<br>4. 交流操作感受。<br>5. 教师进行个别指导并记录操作不良现象。<br>6. 教师点评学生的操作。<br>7. 学习小组进行合作讨论与总结作品的制作要点。 | 20 |
| 任务七 | 礼服变化款立体造型设计 | 1. 服装效果图的审视与分析。<br>2. 根据款式贴礼服造型标志线。<br>3. 合理计算布料，取料、归正布面丝缕。<br>4. 礼服前片立体造型设计造型。<br>5. 礼服后片立体造型设计造型。<br>6. 根据造型线描点。<br>7. 布样整理制作。 | 1. 读懂款式图。<br>2. 会贴造型标志线。<br>3. 取布大小准确，画线规范，布面丝缕归正。<br>4. 学会礼服前、后片立体裁剪。<br>5. 会准确根据结构线描点。<br>6. 掌握变化款礼服立体造型设计的要点及技巧。 | 1. 教师通过视频或PPT课件演示来讲解；学生操作。<br>2. 学生完成作品，并根据制作要求自评。<br>3. 师生互评作品。<br>4. 交流操作感受。<br>5. 教师进行个别指导并记录操作不良现象。<br>6. 教师点评学生的操作。<br>7. 学习小组合作讨论与总结作品的制作要点。 | 24 |

## 4 教学建议

在组织"立体造型设计（1）"课程教学时，应以立足于培养学生的岗位职业能力，结合立体造型设计的要求，作出适合实际需求的可行性设计。

### 4.1 教学实施建议

（1）在教学过程中，应立足于加强学生实际操作能力的培养，采用任务引领、项目教学的方法，提高学生的学习兴趣，激发学生的成就感。

（2）在教学过程中，有机结合教师示范和学生分组操作训练、学生提问和教师解答，通过"教"与"学"的师生互动，学生能熟悉掌握立体造型设计塑造的基本技能，学会立体造型设计的表现方法。

（3）在教学过程中，要创设工作情境，紧密结合本专业方向课程的要求，加强操作训练，使学生掌握立体造型设计的要求，提高学生的动手和创新能力。

（4）在教学过程中，要充分运用实物、图片、多媒体等教学手段来直观演示教学内容。

（5）在教学过程中，要及时关注立体造型设计课程方面的新的发展趋势，为学生提供后续课程的发展空间，为努力培养学生的职业能力和创新精神打下良好的基础。

## 4.2 教学评价建议

（1）以学习目标为评价标准，采用阶段评价、目标评价、理论与实践一体化的的评价模式。

（2）关注评价的多元化，结合课堂提问、学生作业、平时测验、实验实训、技能竞赛及考试情况，综合评定学生成绩。

（3）应注重对学生的动手能力和在实践中分析、解决问题能力的考核，对在立体造型设计课程学习和应用上有创新的学生应给予特别鼓励，综合评价学生的能力。

## 4.3 教材编写建议

（1）依据本课程标准编写教材，且教材应充分体现任务引领、实践导向的课程设计思想。

（2）以"工作任务"为主线来设计教材，结合职业技能鉴定要求，以岗位需要为原则来确定教学内容，根据完成专业教学任务的需要来组织教材内容。

（3）教材应体现通用性、实用性、先进性，要反映本专业的新技术、新知识，教学活动的选择和设计要科学、具体、可操作。

（4）教材文字表述要精练、准确，内容呈现应做到图文并茂，力求易学、易懂。

## 4.4 资源开发利用建议

（1）注重实训室、课堂配套练习题和实训教材的开发与应用。

（2）注重多媒体教学资源库、多媒体教学课件和多媒体仿真软件等现代化教学资源的开发与利用，努力实现跨学校多媒体资源的共享，以提高课程资源的利用率。

（3）积极开发和利用网络课程资源，充分利用电子书籍、电子期刊、数字图书馆、教育网站和电子论坛等网络信息资源。

（4）充分利用学校的实训设施设备，将教学与实训合一，满足学生综合职业能力培养的需要。

# "服饰图案设计"课程标准

**课程名称**：服饰图案设计

**课程代码**：072241

**学时**：32　**学分**：2　**理论学时**：16　**实训学时**：16　**考核方式**：随堂考试

**先修课程**：素描、色彩、构成原理、服装与服饰设计

**适用专业**：服装与服饰设计专业

**开课院系**：上海市群益职业技术学校服装与服饰设计专业教研室

**教材**：《服饰图案基础》（徐雯，北京工艺美术出版社，2002 年）

**主要参考书**：[1] 张树新. 服饰图案. 北京：高等教育出版社，1998.

[2] 孙世圃. 服饰图案设计. 北京：中国纺织出版社，2000.

[3] 雍自鸿. 染织设计基础. 北京：中国纺织出版社，2008.

[4] 郑军. 服饰图案设计. 北京：中国青年出版社，2011.

[5] 王丽，程税杰. 服饰图案设计. 上海：东华大学出版社，2012.

## 1 课程性质及设计思路

### 1.1 课程性质

"服饰图案设计"是服装与服饰设计专业的一门专业技能必修课程。本课程是针对专业方向的需要，使学生全面了解图案纹样的基本理论，准确掌握纹样最基本的造型、色彩、构成形式以及形式美法则等知识的课程。同时，训练学生结合企业项目进行服装与服饰的图案设计与制作。通过对一些优秀服饰图案案例的介绍，提高学生审美鉴赏能力，提升学生的设计能力和动手能力，使学生具备基本的服饰图案设计的表现能力。

### 1.2 设计思路

本课程的总体设计思路是，坚持"做中学、做中教"，积极探索理论和实践相结合的教学模式，引导学生通过学习过程的体验，提高学习兴趣，激发学习动力，掌握相应的知识和技能。在组织课堂教学时，应以立足于培养学生的鉴别能力，用各种方式激励学生学习。建议用项目教学法进行教学。

本课程以了解服饰图案、基础服饰图案、传统服饰图案、系列服饰图案表现为主要内容。通过本课程的教学，使学生能熟练运用图案知识进行图案设计，掌握服饰图案的配色方法与工艺表现，并把它运用到服装整体设计中去，从而熟练地进行系列成衣的图案设计，生动地表现出服装的艺术性，提高艺术创造力和表现能力。

课程内容组成，以服饰图案设计的表现方法为线索设计，包含服饰图案基础知识、服饰图案创作、基础图案设计、传统图案设计、系列图案设计 5 个工作任务。

本课程建议为 32 课时。

## 2 课程目标

### 2.1 能力目标

通过本课程的学习，学生能够熟练地进行系列成衣图案设计，培养学生的创造能力、动手能力和独立构思的能力，提高学生对服饰图案设计的领悟和应用能力。

## 2.2 知识目标

了解服饰图案设计的基本知识；熟悉服饰图案设计的操作步骤；了解服饰图案设计与服装整体设计的关系，并以多样性的手法表现服饰图案设计的具体过程。

## 2.3 素质目标

（1）具有热爱本职工作、爱岗敬业、乐于奉献的精神；

（2）具有进行服饰图案设计的基本能力；

（3）形成对服饰图案设计作品检查与评价、解决问题的分析判断能力；

（4）具有团结协作精神。

## 3 课程内容与要求

表1 课程内容与要求

| 任务序号 | 教学任务 | 活动内容 | 活动要求 | 活动设计建议 /实训技能要点 | 参考课时 |
|---|---|---|---|---|---|
| 任务一 | 服饰图案基础知识 | 1. 服饰图案概念。2. 服饰图案的构成法则及特点。3. 服饰图案的形式美法则。3. 服饰图案的表现技法。 | 1. 了解服饰图案概念。2. 了解服饰图案的构成法则及特点。3. 了解服饰图案设计的形式美法则。4. 掌握服饰图案的造型特点，学会灵活应用形式美的法则。5. 了解服饰图案的表现技法及技巧。 | 1. 多媒体辅助教学。2. 收集各种服饰图案。3. 教师和学生进行作品共评。4. 教师采用整体教学和分组教学相结合，进行分析、讲解、示范、修改。实训项目：1. 服饰图案点线面的绘制。2. 服饰图案构图及花与地的关系理解。 | 4 |
| 任务二 | 服饰图案创作 | 1. 服饰图案造型设计。2. 植物图案创作。 | 1. 掌握服饰图案的造型分类、造型方法、造型表现。2. 通过造型手段组织图案的基本型，按照设计要求的组织形式进行设计表现。3. 学会服饰图案的设计方法。4. 学会花卉图案写生。5. 学会花卉写生的变形技巧。 | 1. 利用多媒体辅助教学。2. 收集各种服饰图案。3. 教师和学生进行作品共评。4. 教师采用整体教学和分组教学相结合，进行分析、讲解、示范、修改。实训项目：1. 收集有关服饰图案造型设计的图片。2. 收集各种植物花卉图案。3. 用铅笔进行植物写生，运用变形技巧进行植物图案设计。4. 临摹白描花卉作品，体会植物图案形式美法则。 | 6 |

表 1（续）

| 任务序号 | 教学任务 | 活动内容 | 活动要求 | 活动设计建议／实训技能要点 | 参考课时 |
|---|---|---|---|---|---|
| 任务三 | 基础图案设计 | 1. 单独纹样。<br>2. 适合纹样。<br>3. 连续式纹样。 | 1. 了解单独纹样的组织结构、形成与构成规律。<br>2. 掌握单独纹样的创作方法。<br>3. 了解适合纹样的组织结构、形成与构成规律。<br>4. 掌握适合纹样的创作方法。<br>5. 了解连续式纹样的组织结构、形成与构成规律。<br>6. 掌握连续式纹样的创作方法。 | 1. 利用多媒体辅助教学。<br>2. 收集各种纹样图案。<br>3. 教师和学生进行作品共评。<br>4. 教师采用整体和分组教学相结合，进行分析、讲解、示范、修改。<br>实训项目：<br>1. 收集优秀的单独纹样、适合纹样及连续纹样的图案。<br>2. 设计单独纹样。<br>3. 设计适合纹样。<br>4. 设计连续式纹样。 | 8 |
| 任务四 | 传统图案设计 | 1. 中国传统图案。<br>2. 外国传统图案。 | 1. 把握中国传统图案的几种主要构成形式，对传统图案从结构上进行认识。<br>2. 了解传统图案纹样的类别，能够合理运用传统图案的表现技法表现图案设计。<br>3. 了解各国传统图案的主要构成形式，对传统图案从结构上进行认识。<br>4. 思考和体会在现代图案设计中，如何在继承传统的基础上进行创新。 | 1. 利用多媒体辅助教学。<br>2. 收集各种中外传统图案。<br>3. 教师和学生进行作品共评。<br>4. 教师采用整体教学和分组教学相结合，进行分析、讲解、示范、修改。<br>实训项目：<br>1. 搜集各个时期的中国传统图案，并绘制具有中国特色的民间图案。<br>2. 收集各国的传统图案，并绘制最具特色的民间图案。 | 6 |
| 任务五 | 系列图案设计 | 1. 服饰图案的应用。<br>2. 系列服饰图案设计。 | 1. 了解不同面料服饰图案的表现特点和方法。<br>2. 掌握服饰图案运用要领，能够把图案灵活运用于服饰中。<br>3. 了解国内外服饰图案的发展。<br>4. 根据服装风格创作相应的图案纹样。<br>5. 掌握服饰图案运用的要领。<br>6. 掌握系列服饰设计的图案设计技巧。 | 1. 利用多媒体辅助教学，并组织学生交流。<br>2. 教师进行绘制指导。<br>3. 将图案灵活应用于系列服装中。<br>4. 课堂交流与讨论。<br>实训项目：<br>1. 收集各种T恤图案、童装图案、礼服图案等，并设计与绘制。<br>2. 根据搜集的资料完成系列服饰设计，并设计系列服饰的图案。 | 8 |

## 4 教学建议

在组织"服饰图案设计"课程教学时，应以立足于培养学生的岗位职业能力，结合服饰图案设计的要求，做出适合实际需求的可行性设计。

### 4.1 教学实施建议

（1）在教学过程中，应立足于加强学生实际操作能力的培养，采用任务引领、项目教学的方法，提高学生的学习兴趣，激发学生的成就感。

（2）在教学过程中，有机结合教师示范和学生分组操作训练、学生提问和教师解答，通过"教"与"学"的师生互动，学生能熟悉掌握服饰图案设计的基本技能，学会服饰图案设计的表现方法。

（3）在教学过程中，要创设工作情境，紧密结合本专业方向课程的要求，加强操作训练，使学生掌握服饰图案设计的要求，提高学生的动手和创新能力。

（4）在教学过程中，要充分运用实物、图片、多媒体等教学手段来直观演示教学内容。

（5）在教学过程中，要及时关注服饰图案设计课程方面的新的发展趋势，为学生提供后续课程的发展空间，为努力培养学生的职业能力和创新精神打下良好的基础。

### 4.2 教学评价建议

（1）以学习目标为评价标准，采用阶段评价、目标评价、理论与实践一体化的的评价模式。

（2）关注评价的多元化，结合课堂提问、学生作业、平时测验、实验实训、技能竞赛及考试情况，综合评定学生成绩。

（3）应注重对学生的动手能力和在实践中分析、解决问题能力的考核，对在服饰图案设计课程学习和应用上有创新的学生应给予特别鼓励，综合评价学生的能力。

### 4.3 教材编写建议

（1）依据本课程标准编写教材，且教材应充分体现任务引领、实践导向的课程设计思想。

（2）以"工作任务"为主线来设计教材，结合职业技能鉴定要求，以岗位需要为原则来确定教学内容，根据完成专业教学任务的需要来组织教材内容。

（3）教材应体现通用性、实用性、先进性，要反映本专业的新技术、新知识，教学活动的选择和设计要科学、具体、可操作。

（4）教材文字表述要精练、准确，内容呈现应做到图文并茂，力求易学、易懂。

### 4.4 资源开发利用建议

（1）注重实训室、课堂配套练习题和实训教材的开发与应用。

（2）注重多媒体教学资源库、多媒体教学课件和多媒体仿真软件等现代化教学资源的开发与利用，努力实现跨学校多媒体资源的共享，以提高课程资源的利用率。

（3）积极开发和利用网络课程资源，充分利用电子书籍、电子期刊、数字图书馆、教育网站和电子论坛等网络信息资源。

（4）充分利用学校的实训设施设备，将教学与实训合一，满足学生综合职业能力培养的需要。

# "服装市场营销"课程标准

**课程名称**：服装市场营销

**课程代码**：071051

**学时**：48　**学分**：3　　**理论学时**：24　　**实训学时**：24　　**考核方式**：随堂考试

**先修课程**：服装市场调研

**适用专业**：服装与服饰设计专业

**开课院系**：上海市群益职业技术学校服装与服饰设计专业教研室

**教材**：《服装市场营销》（杨志文编著，中国纺织出版社，2015 年）

**主要参考书**：[1] 杨以雄 . 服装市场营销 . 上海：东华大学出版社，2015.

　　　　　　　[2] 张纪文 . 服装市场营销 . 合肥：合肥工业大学出版社，2009.

　　　　　　　[3]（英）穆尔 . 服装市场营销与推广 . 张龙琳译 . 北京：中国纺织出版社，2015.

## 1 课程性质及设计思路

### 1.1 课程性质

"服装市场营销"是服装与服饰设计专业的一门专业技能必修课程。本课程针对专业方向的需要，根据服装行业及其相关行业的工作岗位能力要求而开设。其目的是要求学生在掌握服装专业知识的基础上，重点掌握市场分析、市场调研、营销策划的知识技能。通过本课程的学习，使学生具备分析市场、开发市场和进行营销策划的基本能力。

### 1.2 设计思路

本课程总体设计思路是，打破以知识传授为主要特征的传统学科课程模式，转变为以工学结合、任务驱动、项目导向为中心组织课程内容，并让学生在完成具体项目的任务过程中科学、合理地完成任务。通过项目实训，使学生掌握服装营销中市场分析、市场调研、市场开发策略、营销策略等知识内容，使学生充分认知营销知识在服装专业中的重要性，并增强学生的团队精神和职业能力。

教学过程中，要通过校企合作、校内实训等多种途径，采取工学结合的形式，充分开发学习资源，给学生提供丰富的实践机会；要以真实设计项目制作实训为重点，组织学生进行营销策划；通过营销策划策划活动，提高学生的创造性思维和专业技能。

课程内容组成，以服装市场调研和策划为线索设计，包含了服装市场调研、服装市场策划两个工作任务。

本课程建议为 48 课时。

## 2 课程目标

### 2.1 能力目标

通过本课程的学习，学生能够根据服装市场情况进行市场分析与调研、选择市场开发策略、制定服装营销策划方案，培养学生良好的表达、应变、沟通能力。

### 2.2 知识目标

了解消费者行为分析方法；掌握服装市场的调查方法；了解服装营销策划方法。

### 2.3 素质目标

（1）具有热爱本职工作、爱岗敬业、乐于奉献的精神；

（2）具有进行服装市场营销方面的基本能力；

（3）形成对服装营销作品检查与评价、解决问题的分析判断能力；

（4）具有团结协作精神。

## 3  课程内容与要求

表 1 课程内容与要求

| 任务序号 | 教学任务 | 活动内容 | 活动要求 | 活动设计建议 /实训技能要点 | 参考课时 |
|---|---|---|---|---|---|
| 任务一 | 服装市场调研 | 1.分析服装营销环境。2.分析服装市场竞争者。3.分析服装消费者需求与购买行为。4.服装市场调查报告的问卷设计与实施。5.服装市场调研分析报告的撰写。 | 1.会用宏观及微观环境因素分析服装市场。2.能识别具体品牌的竞争者。3.能分析服装消费者的购买特征、行为过程。4.能根据企业情况设计市场调查问卷，并根据所调查的情况写出分析报告。 | 1.教师带领学生到某处服装市场，进行实地调研。2.画出某新品牌的SWOT分析效果图。3.分析某品牌的竞争者。4.完成一份某品牌的问卷设计，并进行调查。 | 20 |
| 任务二 | 服装市场策划 | 1.服装的市场选择与定位。2.服装潮流产品的开发。3.服装商标、品牌的设计。4.服装产品价格的制定。5.服装产品营销渠道的设计与运用。6.服装产品的促销与推广。 | 1.学会对服装进行细分，并选择合适企业的目标市场。2.能根据企业的情况在所选择的目标市场中进行准确的定位。3.能对现有市场上的服装款式进行生命周期分析。4.能根据消费流行趋势来确定服装产品开发方向。5.能对企业产品进行品德规划。6.能对开发的服装进行定价。7.能根据市场情况对价格进行调整。8.会介绍店内服装产品，做好导购服务。9.会设计符合企业的营业推广活动。 | 1.掌握服装产品营销渠道的类别、设计方法与技巧。2.服装渠道的选择、增加与调整。3.了解服装产品窜货的原因与管理。4.掌握服装产品定价的目标、方法、技巧。5.掌握服装产品定价的策略。6.了解服装产品不同生命周期的价格策略。 | 28 |

## 4  教学建议

在组织"服装市场营销"课程教学时，应以立足于培养学生的岗位职业能力，结合服装市场营销的要求，作出适合实际需求的可行性设计。

### 4.1 教学实施建议

（1）在教学过程中，应立足于加强学生实际操作能力的培养，采用任务引领、项目教学的方法，提高学生的学习兴趣，激发学生的成就感。

（2）在教学过程中，有机结合教师示范和学生分组操作训练、学生提问和教师解答，通过"教"与"学"的师生互动，学生能熟悉掌握服装市场营销的基本技能，学会服装市场营销的策划方法。

（3）在教学过程中，要创设工作情境，紧密结合本专业方向课程的要求，加强操作训练，使学生掌握服装市场营销课程的要求，提高学生的动手和创新能力。

（4）在教学过程中，要充分运用实物、图片、多媒体等教学手段来直观演示教学内容。

（5）在教学过程中，要及时关注服装市场营销课程方面的新的发展趋势，为学生提供后续课程的发展空间，为努力培养学生的职业能力和创新精神打下良好的基础。

### 4.2 教学评价建议

（1）以学习目标为评价标准，采用阶段评价、目标评价、理论与实践一体化的的评价模式。

（2）关注评价的多元化，结合课堂提问、学生作业、平时测验、实验实训、技能竞赛及考试情况，综合评定学生成绩。

（3）应注重对学生的动手能力和在实践中分析、解决问题能力的考核，对在服装市场营销课程学习和应用上有创新的学生应给予特别鼓励，综合评价学生的能力。

### 4.3 教材编写建议

（1）依据本课程标准编写教材，且教材应充分体现任务引领、实践导向的课程设计思想。

（2）以"工作任务"为主线来设计教材，结合职业技能鉴定要求，以岗位需要为原则来确定教学内容，根据完成专业教学任务的需要来组织教材内容。

（3）教材应体现通用性、实用性、先进性，要反映本专业的新技术、新知识，教学活动的选择和设计要科学、具体、可操作。

（4）教材文字表述要精练、准确，内容呈现应做到图文并茂，力求易学、易懂。

### 4.4 资源开发利用建议

（1）注重实训室、课堂配套练习题和实训教材的开发与应用。

（2）注重多媒体教学资源库、多媒体教学课件和多媒体仿真软件等现代化教学资源的开发与利用，努力实现跨学校多媒体资源的共享，以提高课程资源的利用率。

（3）积极开发和利用网络课程资源，充分利用电子书籍、电子期刊、数字图书馆、教育网站和电子论坛等网络信息资源。

（4）充分利用学校的实训设施设备，将教学与实训合一，满足学生综合职业能力培养的需要。

# "服装款式图绘制" 课程标准

**课程名称：** 服装款式图绘制
**课程代码：** 072282
**学时：** 102　　**学分：** 4　　**理论学时：** 34　　**实训学时：** 68　　**考核方式：** 随堂考试
**先修课程：** 时装画技法、服装与服饰设计
**适用专业：** 服装与服饰设计专业
**开课院系：** 上海市群益职业技术学校服装与服饰设计专业教研室
**教材：** 《手绘服装款式设计与表现 1288 例》（潘璠编著，中国纺织出版社，2016 年）
**主要参考书：** [1] 孙琰. 服装款式设计技法速成. 北京：化学工业出版社，2015.
　　　　　　　　[2] 田秋实. 服装款式设计与表现. 北京：中国轻工业出版社，2015.

## 1 课程性质及设计思路

### 1.1 课程性质

"服装款式图绘制"是服装与服饰设计专业技能的一门必修课。本课程采用以项目教学为主的教学方法，通过教师的案例演示，学生的自主、合作、探究学习，使学生掌握各类不同类型的成衣设计方法；注重基础知识的学习和基本技能的训练，以项目为导向，在教学中注重创新思维能力的培养，强化学生设计的创新能力。

### 1.2 设计思路

本课程的总体设计思路是，以学以致用为原则，参照服装国家职业标准，根据服装设计师助理工作任务，以服装与服饰设计专业中的服装款式设计相关工作任务为依据来设置本课程教学内容。以工作任务为引领，通过工作任务整合相关知识、技能与态度，从而将本课程设计为任务引领型课程。

课程内容的选取，紧紧围绕完成服装款式图绘制所需的职业能力培养，同时充分考虑本专业中职生对相关理论知识的需要，融入相应的理论知识，为学生今后从事服装设计方面的工作打下重要的基础。

课程内容组成，以服装款式设计中的典型款式为线索设计，包括服装款式图概述、服装生产工艺单制作、裙装款式图绘制、裤装款式图绘制、衬衫款式图绘制、西装款式图绘制、童装款式图绘制、服装款式图绘制创建 8 个工作任务。

本课程建议为 102 课时。

## 2 课程目标

### 2.1 能力目标

通过本课程的学习，学生能够按照不同的款式要求进行款式图的绘制，培养学生审美能力、沟通能力、创新能力。

### 2.2 知识目标

了解服装款式图解读的基本知识；了解各品类服装款式图绘制的特点；掌握分析款式图的方法。

### 2.3 素质目标

（1）具有热爱本职工作、爱岗敬业、乐于奉献的精神；

（2）具有进行服装款式图绘制的基本能力；

（3）形成对服装款式设计作品检查与评价、解决问题的分析判断能力；

（4）具有团结协作精神。

## 3 课程内容与要求

表 1 课程内容与要求

| 任务序号 | 教学任务 | 活动内容 | 活动要求 | 活动设计建议 / 实训技能要点 | 参考课时 |
|---|---|---|---|---|---|
| 任务一 | 服装款式图概述 | 1. 服装款式设计的概念。<br>2. 服装款式图的来源。<br>3. 绘制服装款式图的工具。 | 1. 理解服装款式图的概念。<br>2. 了解服装款式图的来源。<br>3. 认识绘制服装款式图的工具。 | 1. 欣赏品牌服装的款式图。<br>2. 教师带领学生到企业参观设计工作室，加强学生对企业服装生产的了解。 | 4 |
| 任务二 | 生产工艺单制作 | 1. 生产工艺单在服装款式设计中的应用。<br>2. 生产工艺单中的款式图外形概述。<br>3. 生产工艺单中的规格设计。<br>4. 生产工艺单中的面料。<br>5. 生产工艺单中的辅料。<br>6. 生产工艺单中的工艺符号。<br>7. 生产工艺单中的工艺说明。<br>8. 拓展实践：围裙的生产工艺单制作体验。 | 1. 了解生产工艺单在服装款式设计中的应用。<br>2. 学会描述生产工艺单中款式图的外形概述。<br>3. 学会制定生产工艺单中的规格。<br>4. 了解生产工艺单中的服装面料应用。<br>5. 了解生产工艺单中的服装辅料应用<br>6. 学会绘制生产工艺符号。<br>7. 学会描述生产工艺单中的工艺说明。<br>8. 通过围裙生产工艺单的制作，学会生产工艺单的具体制作过程。 | 1. 体验企业生产工艺单的制作。<br>2. 学会围裙工艺单的制作。<br>3. 教师采用整体教学和分组教学相结合，进行分析、讲解、示范、修改。<br>实训项目：<br>生产工艺单制作。 | 16 |
| 任务三 | 裙装款式图绘制 | 1. 裙装的起源。<br>2. 裙装的发展。<br>3. 裙装的分类。<br>4. 绘制一步裙。<br>5. 一步裙的生产工艺单制作体验。<br>6. 拓展实践：半身裙的款式设计。 | 1. 了解裙装的概念、起源、发展和分类。<br>2. 学会一步裙的绘画方法。<br>3. 学会制作一步裙的生产工艺单。<br>4. 了解连衣裙的发展和流行。 | 1. 教师带领学生进行市场调研，了解当前裙装的流行趋势。<br>2. 学生分组学习。<br>3. 教师采用整体教学和分组教学相结合，进行分析、讲解、示范、修改。<br>实训项目：<br>裙装款式图绘制。 | 18 |
| 任务四 | 裤装款式图绘制 | 1. 裤装的起源。<br>2. 裤装的发展。<br>3. 裤装的分类。<br>4. 绘制女西裤。<br>5. 女西裤的生产工艺单制作体验。<br>6. 拓展实践：男西裤的款式设计。 | 1. 了解裤装的概念、起源、发展和分类。<br>2. 学会女西裤的绘画方法。<br>3. 学会制作女西裤的生产工艺单。<br>4. 拓展：自学男西裤的绘制方法。 | 1. 观看女裤流行发布会视频。<br>2. 搜集当前流行裤子款式图片。<br>3. 教师带领学生进行市场调研，了解知名品牌裤子的市场卖点。<br>实训项目：<br>裤装款式图绘制。 | 18 |

表 1（续）

| 任务序号 | 教学任务 | 活动内容 | 活动要求 | 活动设计建议 / 实训技能要点 | 参考课时 |
|---|---|---|---|---|---|
| 任务五 | 衬衫款式图绘制 | 1. 衬衫的起源。<br>2. 衬衫的发展。<br>3. 衬衫的分类。<br>4. 绘制女衬衫。<br>5. 女衬衫的生产工艺单制作体验。<br>6. 拓展实践：男衬衫的款式设计。<br>7. 拓展研究：连衣裙的款式设计。 | 1. 了解衬衫的起源、发展和分类。<br>2. 学会女衬衫的绘制方法。<br>3. 学会制作女衬衫的生产工艺单。<br>4. 拓展：学会男衬衫的绘制方法。<br>5. 拓展：学习连衣裙的款式设计。 | 1. 进行市场调研并分析衬衫的流行趋势。<br>2. 教师带领学生去企业学习与调研，了解企业衬衫产品制作的流程。<br>3. 学生模拟企业产品设计。<br>实训项目：<br>衬衫款式图绘制。 | 16 |
| 任务六 | 西装款式图绘制 | 1. 西装的起源。<br>2. 西装的发展。<br>3. 西装的分类。<br>4. 绘制女西装。<br>5. 女西装的生产工艺单制作体验。<br>6. 拓展实践：男西装的款式设计。 | 1. 了解西装的起源、发展和分类。<br>2. 学会女西装的绘制方法。<br>3. 学会制作女西装的生产工艺单。<br>4. 拓展：学习男西装。 | 1. 教师带领学生到市场进行调研，分析当前西装的流行元素。<br>2. 邀请企业设计师来校指导。<br>3. 学生模拟产品开发设计。<br>实训项目：<br>西装款式图绘制。 | 12 |
| 任务七 | 童装款式图绘制 | 1. 婴幼童装的款式设计。<br>2. 3～8岁童装的款式设计。<br>3. 8～12岁童装的款式设计。 | 1. 了解婴幼儿的体形特征，掌握婴童装的绘制要点，能进行婴童装不同的款式绘制。<br>2. 了解中童的体形特征，掌握中童装款式的绘制要点，能进行中童装的不同款式绘制。<br>3. 了解大童的体形特征，掌握大童装的绘制要点，能进行大童装的不同款式绘制。 | 1. 市场调研童装的流行情况。<br>2. 企业考察童装的设计和制作。<br>3. 拓展设计童装。<br>实训项目：<br>童装款式图绘制。 | 10 |
| 任务八 | 服装款式图绘制创建 | 1. 服装款式设计的审美原理。<br>2. 服装款式图的绘制。<br>3. 服装款式的细节描述及缝制说明。<br>4. 服装款式的规格设计。<br>5. 做一份完整的服装系列款式设计图。 | 1. 自行设计一个系列的款式设计图。<br>2. 绘制款式图并标明款式细节、规格及款式的缝制说明。<br>3. 针对上述款式图进行规格设计。<br>4. 能按要求制作一份完整的系列服装款式图。 | 按要求做一份完整的服装系列款式图并共同点评。 | 8 |

## 4 教学建议

在组织"服装款式图绘制"课程教学时，应以立足于培养学生的岗位职业能力，结合服装款式图绘制的要求，作出适合实际需求的可行性设计。

### 4.1 教学实施建议

（1）在教学过程中，应立足于加强学生实际操作能力的培养，采用任务引领、项目教学的方法，提高学生的学习兴趣，激发学生的成就感。

（2）在教学过程中，有机结合教师示范和学生分组操作训练、学生提问和教师解答，通过"教"与"学"的师生互动，学生能熟悉掌握服装款式图绘制的基本技能，学会分析不同的服装款式图的方法。

（3）在教学过程中，要创设工作情境，紧密结合本专业方向课程的要求，加强操作训练，使学生掌握服装款式图绘制课程的要求，提高学生的动手和创新能力。

（4）在教学过程中，要充分运用实物、图片、多媒体等教学手段来直观演示教学内容。

（5）在教学过程中，要及时关注服装款式图绘制课程方面的新的发展趋势，为学生提供后续课程的发展空间，为努力培养学生的职业能力和创新精神打下良好的基础。

### 4.2 教学评价建议

（1）以学习目标为评价标准，采用阶段评价、目标评价、理论与实践一体化的的评价模式。

（2）关注评价的多元化，结合课堂提问、学生作业、平时测验、实验实训、技能竞赛及考试情况，综合评定学生成绩。

（3）应注重对学生的动手能力和在实践中分析、解决问题能力的考核，对在服装款式图绘制课程学习和应用上有创新的学生应给予特别鼓励，综合评价学生的能力。

### 4.3 教材编写建议

（1）依据本课程标准编写教材，且教材应充分体现任务引领、实践导向的课程设计思想。

（2）以"工作任务"为主线来设计教材，结合职业技能鉴定要求，以岗位需要为原则来确定教学内容，根据完成专业教学任务的需要来组织教材内容。

（3）教材应体现通用性、实用性、先进性，要反映本专业的新技术、新知识，教学活动的选择和设计要科学、具体、可操作。

（4）教材文字表述要精练、准确，内容呈现应做到图文并茂，力求易学、易懂。

### 4.4 资源开发利用建议

（1）注重实训室、课堂配套练习题和实训教材的开发与应用。

（2）注重多媒体教学资源库、多媒体教学课件和多媒体仿真软件等现代化教学资源的开发与利用，努力实现跨学校多媒体资源的共享，以提高课程资源的利用率。

（3）积极开发和利用网络课程资源，充分利用电子书籍、电子期刊、数字图书馆、教育网站和电子论坛等网络信息资源。

（4）充分利用学校的实训设施设备，将教学与实训合一，满足学生综合职业能力培养的需要。

# "服装 CAD 基础制板" 课程标准

**课程名称**：服装 CAD 基础制板

**课程代码**：072282

**学时**：54    **学分**：3    **理论学时**：34    **实训学时**：20    **考核方式**：随堂作业

**先修课程**：服装款式设计、服装结构设计基础、女装结构设计、女装缝制工艺

**适用专业**：服装与服饰设计专业

**开课院系**：上海市群益职业技术学校服装与服饰设计专业教研室

**教材**：《服装 CAD 应用教程》（张龙琳编著，学林出版社，2016 年）

**主要参考书**：[1] 陈建伟. 服装 CAD 应用教程. 北京：中国纺织出版社，2008.

[2] 徐雅琴、马跃进. 服装制图与样板制作（第 4 版）. 北京：中国纺织出版社，2018.

## 1 课程性质及设计思路

### 1.1 课程性质

"服装 CAD 基础制板"是服装与服饰设计专业的一门专业实训基础课程。本课程体现理论与实践一体化的教学思想，突出以能力为本位、以应用为目的的职业教育特色。本课程通过讲解服装 CAD 制板的基础知识，选取一个服装 CAD 软件来学习其基本工具的使用、操作，以使学生掌握服装 CAD 软件基本工具操作，为学生后续更进一步地深入学习打下良好基础。

### 1.2 设计思路

本课程的总体设计思路是，坚持"做中学、做中教"，积极探索理论和实践相结合的教学模式，通过任务引领和基本工具的认识与操作等项目活动，引导学生通过学习过程的体验，提高学习兴趣，激发学习动力，让学生能了解服装 CAD 工业制板的要求和特点，掌握运用服装 CAD 绘制图形的技能技巧。在组织课堂教学时，应以立足于培养学生运用服装 CAD 工业制板的基本能力，用各种方式激励学生学习。建议用项目教学法进行教学。

课程内容的选取，通过进行服装 CAD 工具使用等实践活动，紧紧围绕各项工作任务的要点，掌握服装 CAD 的基本运用能力，同时充分考虑本专业中职生对相关理论知识的理解层次，融入相应的理论知识，为学生后续进一步学习服装 CAD 打下重要的基础。

课程内容组成，以各项工作任务为线索设计，包含服装 CAD 基础、服装 CAD 制板、服装 CAD 推档、服装 CAD 排料、服装 CAD 文件管理 6 个工作任务。

本课程建议为 54 课时。

## 2 课程目标

### 2.1 能力目标

通过本课程的学习，学生能够了解服装 CAD 工业制板的基本原理，掌握服装 CAD 制板、服装 CAD 推档、服装 CAD 排料、服装 CAD 文件管理的基本知识及较熟练地操作使用软件。

### 2.2 知识目标

了解服装 CAD 基础制板的各项工作任务的流程、操作方法及步骤，以及各项任务之间的联系、区

别及变化特点。

### 2.3 素质目标

（1）具有热爱本职工作、爱岗敬业、乐于奉献的精神；
（2）具有进行服装 CAD 基础制板的基本运用能力；
（3）培养学生积极思考、勇于探索的精神；
（4）具有团结协作精神。

## 3 课程内容与要求

表 1 课程内容与要求

| 任务序号 | 教学任务 | 活动内容 | 活动要求 | 活动设计建议／实训技能要点 | 参考课时 |
|---|---|---|---|---|---|
| 任务一 | 服装 CAD 基础 | 1. 了解服装 CAD 在企业中应用。<br>2. 了解服装 CAD 的发展趋势。<br>3. 服装 CAD 产品的分类。<br>4. 服装 CAD 界面的认识。 | 1. 理解服装 CAD 在服装企业应用的实际意义。<br>2. 了解服装 CAD 发展趋势。<br>3. 了解服装产品类别。<br>4. 熟悉服装 CAD 界面的设置。 | 1. 建议收集服装 CAD 工业制板的资料。<br>2. 了解服装 CAD 工业制板的特点、要求。<br>3. 教师采用整体教学和分组教学相结合，进行分析、讲解、示范、修改。<br>实践项目：<br>1. 每位学生根据前期课程已完成的款式设计内容进行规格设计及结构图制作。<br>2. 教师与学生讨论、调整及修改结构图。 | 6 |
| 任务二 | 服装 CAD 制板 | 1. 设置规格表。<br>2. 选择款式大类。<br>3. 选择首档母板、版型、模版。<br>4. 正确输入规格表。<br>5. 首档西裤制板。<br>6. 净板与毛板制作。 | 1. 熟悉服装 CAD 工具在服装制板上的运用方法。<br>2. 学会综合使用服装 CAD 工具，进行服装制板的操作。 | 教师采用整体教学和分组教学相结合，进行分析、讲解、示范、修改。<br>实训项目：<br>绘制首档西裤的母板，即 M 规格样板，制作结构图。 | 28 |
| 任务三 | 服装 CAD 推档 | 1. 正确读取样片。<br>2. 手动放码。<br>3. 自动放码。<br>4. 存盘。 | 1. 熟悉服装 CAD 工具在服装推档上运用的方法。<br>2. 学会综合使用服装 CAD 工具，作出推档图。 | 教师采用整体教学和分组教学相结合，进行分析、讲解、示范、修改。<br>实训项目：<br>1. 绘制首档女衬衫的母板，即 M 规格样板，S、L 规格样板按自动推档方式制作。<br>2. 绘制首档男西装的母板，即 175cm 规格样板，170cm、180cm 规格样板按手动推档方式制作。 | 20 |

## 4 教学建议

在组织"服装 CAD 基础制板"课程教学时，应立足于加强学生实际操作能力的培养，采用理论讲授法、项目教学法，结合学生分组训练、教师讲评等方式，提高学生的学习兴趣。

### 4.1 教学实施建议

（1）在教学过程中，应立足于加强学生实际操作能力的培养，采用任务引领、项目教学的方法，提高学生的学习兴趣，激发学生的成就感。

（2）在教学过程中，有机结合教师示范和学生分组操作训练、学生提问和教师解答，通过"教"与"学"的师生互动，学生能熟悉掌握服装 CAD 基础制板的应用技能，学会服装 CAD 的操作方法。

（3）在教学过程中，要创设工作情境，紧密结合本专业方向课程的要求，加强操作训练，使学生掌握服装 CAD 基础制板的基本原理和构成方法，提高学生的动手和创新能力。

（4）在教学过程中，要充分运用实物、图片、多媒体等教学手段来直观演示教学内容。

（5）在教学过程中，要及时关注服装 CAD 基础制板课程方面的新的发展趋势，为学生提供后续课程的发展空间，为努力培养学生的职业能力和创新精神打下良好的基础。

### 4.2 教学评价建议

（1）以学习目标为评价标准，采用阶段评价、目标评价、理论与实践一体化的的评价模式。

（2）关注评价的多元化，结合课堂提问、学生作业、平时测验、实验实训、技能竞赛及考试情况，综合评定学生成绩。

（3）应注重对学生的动手能力和在实践中分析、解决问题能力的考核，对在服装 CAD 基础制板课程学习和应用上有创新的学生应给予特别鼓励，综合评价学生的能力。

### 4.3 教材编写建议

（1）依据本课程标准编写教材，且教材应充分体现任务引领、实践导向的课程设计思想。

（2）以"工作任务"为主线来设计教材，结合职业技能鉴定要求，以岗位需要为原则来确定教学内容，根据完成专业教学任务的需要来组织教材内容。

（3）教材应体现通用性、实用性、先进性，要反映本专业的新技术、新知识，教学活动的选择和设计要科学、具体、可操作。

（4）教材文字表述要精练、准确，内容呈现应做到图文并茂，力求易学、易懂。

### 4.4 资源开发利用建议

（1）注重实训室、课堂配套练习题和实训教材的开发与应用。

（2）注重多媒体教学资源库、多媒体教学课件和多媒体仿真软件等现代化教学资源的开发与利用，努力实现跨学校多媒体资源的共享，以提高课程资源的利用率。

（3）积极开发和利用网络课程资源，充分利用电子书籍、电子期刊、数字图书馆、教育网站和电子论坛等网络信息资源。

（4）充分利用学校的实训设施设备，将教学与实训合一，满足学生综合职业能力培养的需要。

# "服装市场调研"课程标准

**课程名称：**服装市场调研

**课程代码：**210497

**学时：**31　**学分：**1　**理论学时：**9　**实训学时：**22　**考核方式：**随堂考试

**先修课程：**无

**适用专业：**服装与服饰设计专业

**开课院系：**上海市群益职业技术学校服装与服饰设计专业教研室

**教材：**《服装市场调研教程》（刘国联编著，东华大学出版社，2013年）

**主要参考书：**[1] 张莉. 服装市场调研分析—SPSS 的应用. 北京：中国纺织出版社，2003.

[2] 余建春，方勇. 服装市场调查与预测. 北京：中国纺织出版社，2002.

## 1 课程性质及设计思路

### 1.1 课程性质

"服装市场调研"是服装与服饰设计专业的一门实训必修课。本课程采用以项目教学为主的教学方法，通过教师的案例演示，使学生能比较全面与系统地了解服装市场调查的工作流程，掌握服装市场调查的基本方法，培养学生较好地开展服装市场调查、分析与预测以及解决企业相关市场问题的能力，以适应信息时代企业经济活动的开展，适应市场信息的收集和分析的需要，适应企业管理现代化对服装市场调查人才的需要。

### 1.2 设计思路

本课程的总体设计思路是，以学以致用为原则，打破以知识传授为主要特征的传统学科课程模式，转变以工学结合、任务驱动、项目导向为中心组织课程内容，并让学生在完成具体项目过程中科学、合理地完成任务。教学过程中，通过实地调研，充分开发学习资源，给学生提供实践机会。

课程内容的选取，紧紧围绕完成服装市场调研所需的职业能力培养，同时充分考虑本专业中职生对相关理论知识的需要，融入相应的理论知识，为学生今后从事服装相关岗位的工作打下重要的基础。

课程内容组成，以服装市场调研的工作流程为线索设计，包括市场调查基本知识、服装市场调研、面料市场调研 3 个工作任务。

本课程建议为 31 课时。

## 2 课程目标

### 2.1 能力目标

通过本课程的学习，学生能够按照正确、合理的工作流程进行实地服装市场的调研任务，培养学生沟通能力、整合资料、判断能力、服装市场预测的能力。

### 2.2 知识目标

了解服装市场调研的基本知识；了解服装市场与面料市场的不同特点；掌握分析服装市场状况的方法。

### 2.3 素质目标

（1）具有热爱本职工作、爱岗敬业、乐于奉献的精神；

（2）具有进行服装市场调研方面的基本能力；

（3）形成对服装市场调研报告检查与评价、解决问题的分析判断能力；

（4）具有团结协作精神。

## 3 课程内容与要求

**表 1 课程内容与要求**

| 任务序号 | 教学任务 | 活动内容 | 活动要求 | 活动设计建议／实训技能要点 | 参考课时 |
|---|---|---|---|---|---|
| 任务一 | 服装市场调研基本知识 | 1. 市场调研的概念。<br>2. 市场调研的类型。<br>3. 市场调研的内容及方法。<br>4. 服装市场调查报告的问卷设计与实施。<br>5. 服装市场调研分析报告的格式要求。 | 1. 了解市场调研的概念。<br>2. 掌握市场调研的类型。<br>3. 了解市场调研的内容及方法。<br>4. 学习调研问卷的设计。 | 1. 企划某服装品牌调研方法。<br>2. 合理完成一份某服装品牌的问卷设计。 | 9 |
| 任务二 | 服装市场调研 | 1. 以小组形式选择调研对应的服装市场，并针对某品牌拟定调研的方案。<br>2. 服装市场调查报告的问卷设计与实施。<br>3. 多种调研方法的运用。<br>4. 服装市场调研分析报告的撰写。 | 1. 设计具体的某服装市场调研方案。<br>2. 设计合理的问卷调研报告。<br>3. 通过相关调研方法，问卷法、访问法等获取数据，结合二手资料，完成报告基本内容以及数据。<br>4. 调研报告内容应清楚的调研该品牌的定位、产品特点、竞争对手、价格定位以及陈列特点等相关内容。 | 1. 教师带领学生针对某具体服装市场进行调研。<br>2. 以小组形式完成服装市场资料的搜集、汇总、分析。<br>3. 完成服装市场的调研报告。 | 12 |
| 任务三 | 面料市场调研 | 1. 个人选择调研对应的面料市场，拟定调研的方案。<br>2. 面料市场调查报告的问卷设计与实施。<br>3. 多种调研方法的运用。<br>4. 面料市场调研分析报告的撰写。 | 1. 设计某具体面料市场调研方案。<br>2. 设计合理的调研问卷。<br>3. 通过相关调研方法如问卷法、访问法等获取数据，结合二手资料，完成报告的基本内容及数据。<br>4. 调研报告内容应预测应季的面料市场的流行趋势、目前市场面料的产品种类等内容。 | 1. 教师带领学生，针对面料市场进行调研。<br>2. 个人完成面料市场的资料搜集、汇总、分析。<br>3. 完成面料市场的调研报告。 | 10 |

## 4 教学建议

在组织"服装市场调研"课程教学时，应以立足于培养学生的岗位职业能力，根据服装市场调研的要求，作出适合实际需求的可行性调研报告。

### 4.1 教学实施建议

（1）在教学过程中，应立足于加强学生实际操作能力的培养，采用任务引领、项目教学的方法，提高学生的学习兴趣，激发学生的成就感。

（2）在教学过程中，有机结合教师示范和学生分组操作训练、学生提问和教师解答，通过"教"与"学"的师生互动，学生能熟悉掌握服装市场调研的基本技能，学会分析不同的服装市场的方法。

（3）在教学过程中，要创设工作情境，紧密结合本专业方向课程的要求，加强操作训练，使学生掌握服装市场调研课程的要求，提高学生的动手和创新能力。

（4）在教学过程中，要充分运用实物、图片、多媒体等教学手段来直观演示教学内容。

（5）在教学过程中，要及时关注服装市场调研课程方面的新的发展趋势，为学生提供后续课程的发展空间，为努力培养学生的职业能力和创新精神打下良好的基础。

## 4.2 教学评价建议

（1）以学习目标为评价标准，采用阶段评价、目标评价、理论与实践一体化的的评价模式。

（2）关注评价的多元化，结合课堂提问、学生作业、平时测验、实验实训、技能竞赛及考试情况，综合评定学生成绩。

（3）应注重对学生的动手能力和在实践中分析、解决问题能力的考核，对在服装市场调研课程学习和应用上有创新的学生应给予特别鼓励，综合评价学生的能力。

## 4.3 教材编写建议

（1）依据本课程标准编写教材，且教材应充分体现任务引领、实践导向的课程设计思想。

（2）以"工作任务"为主线来设计教材，结合职业技能鉴定要求，以岗位需要为原则来确定教学内容，根据完成专业教学任务的需要来组织教材内容。

（3）教材应体现通用性、实用性、先进性，要反映本专业的新技术、新知识，教学活动的选择和设计要科学、具体、可操作。

（4）教材文字表述要精练、准确，内容呈现应做到图文并茂，力求易学、易懂。

## 4.4 资源开发利用建议

（1）注重实训室、课堂配套练习题和实训教材的开发与应用。

（2）注重多媒体教学资源库、多媒体教学课件和多媒体仿真软件等现代化教学资源的开发与利用，努力实现跨学校多媒体资源的共享，以提高课程资源的利用率。

（3）积极开发和利用网络课程资源，充分利用电子书籍、电子期刊、数字图书馆、教育网站和电子论坛等网络信息资源。

（4）充分利用学校的实训设施设备，将教学与实训合一，满足学生综合职业能力培养的需要。

# "时装画技法（2）"课程标准

**课程名称：**时装画技法（2）

**课程代码：**120305302

**学时：**30　**学分：**2　**理论学时：**15　**实训学时：**15　**考核方式：**随堂作业

**先修课程：**素描、色彩、速写、构成原理、服装画技法（1）

**适用专业：**服装与服饰设计专业

**开课院系：**上海东海职业技术学院服装与服饰设计专业教研室

**教材：**《服装画技法》（莫宇、肖文陵编著，学林出版社，2016年）

**主要参考书：**[1] 刘婧怡. 时装画手绘表现技法（从基础到创意，完美时装画的终极法则）. 北京：中国青年出版社，2012.

[2] 白湘文、赵惠群. 美国时装画技法. 北京：中国轻工业出版社，1998.

## 1 课程性质及设计思路

### 1.1 课程性质

"时装画技法（2）"是服装与服饰设计专业的一门专业基础必修课程。本课程针对专业方向的需要，在教学过程中让学生在"时装画技法（1）"课程的基础上，了解时装画着色的基本方法及表现形式，熟悉并学会着装效果图的表现方法。基于时装画的功能性与服装产业的需求，学生需要了解各种不同服装面料和服装图案的表现方法，服装款式图的表现方法。经过课堂辅导和训练，使学生为后续课程学习及将来从事相应岗位的工作打下良好的理论和技能基础。

### 1.2 设计思路

本课程的总体设计思路是，在课堂教学中先在"时装画技法（1）"课程的教学内容基础上，向学生讲授服装画着色、着装效果图及款式图的表现方法，同时通过技能培养并重的方法（例如案例实训、教师示范、学生实践），培养学生能使用时装画技法进行服装设计制作创意。结合服装图案与服装设计的相关原理，安排课程内容循序渐进、由简到难，将理论与实践技能相结合，使学生能用各种工具和技法将服装设计构思通过不同的人体姿态，以直观形象表达出来。

为提高教学效果，通过出题方式让学生先探索与寻找解决方法，在探索过程中加深他们对工具使用的印象。然后主要通过小组竞赛的方式，提高学生的学习积极性和团体合作精神，保证了学生专业能力、方法能力和社会能力的全面培养。

课程内容组成，以时装画的表现技法为线索设计，包含了着色方法、着装效果图表现技法、款式图表现技法3个工作任务。

本课程建议为30课时。

## 2 课程目标

### 2.1 能力目标

通过本课程的学习，学生能够明确现代时装画对服装设计的重要作用和理解效果图概念等，并全面掌握时装画的表现方法和技巧。通过绘画服装效果图的学习，学生能够进一步了解人体和服装的关系，并以多样性的手法表现较写实的实用性款式、欣赏夸张型的美感以及表现服装饰物质感，充分掌握时装画的基本技能。

### 2.2 知识目标

了解服装效果图对服装设计的重要作用和效果图的概念等；理解服装效果图的表现方法和技术；了解人体和服装的关系，熟悉多样性的表现手法。

### 2.3 素质目标

（1）具有热爱本职工作、爱岗敬业、乐于奉献的精神；
（2）具有进行时装画绘制的基本能力；
（3）形成对时装画作品检查与评价、解决问题的分析判断能力；
（4）具有团结协作精神。

## 3 课程内容与要求

**表 1 课程内容与要求**

| 任务序号 | 教学任务 | 活动内容 | 活动要求 | 活动设计建议／实训技能要点 | 参考课时 |
|---|---|---|---|---|---|
| 任务一 | 着色方法 | 1.人体着色。<br>2.衣纹与褶皱。<br>3.学会表现服装。 | 1.完整绘制人体线稿。<br>2.脸部着色要干净；躯干与四肢比例正确。<br>3.学会表现基于动态产生的褶皱（悬垂褶皱、关节活动褶皱、扭转褶皱、堆积褶皱）。<br>4.学会基于时装结构产生的褶皱（褶裥、填充物褶皱、提拉褶皱、抽褶与碎褶）。<br>5.学会上装（T恤、衬衫、西装、夹克、针织）的表现。<br>6.学会下装（裙子、裤子）的表现。 | 1.能够灵活切换干、湿画法。<br>2.学生进行分组学习，实践写生、临摹。<br>3.学生进行分组、轮流地做模特，写生创作。<br>4.教师采用整体教学和分组教学相结合，进行分析、讲解、示范、修改。 | 10 |
| 任务二 | 着装效果图表现技法 | 1.将服装图片或照片转化成服装效果图。<br>2.借鉴创作服装画。<br>3.不同品类服装画表现（春夏男、女装，秋冬男、女装，青少年装，童装及度假装等）。 | 1.尝试将服装图片或照片转化成服装效果图。<br>2.学会借鉴创作服装画。<br>3.学会根据季节表现服装。<br>4.在绘画学习中体会各种场合的着装要求和表现方法。 | 1.能够灵活切换干、湿画法。<br>2.学生进行分组学习，实践写生、临摹。<br>3.学生进行分组、轮流地做模特，写生创作。<br>4.教师采用整体教学和分组教学相结合，进行分析、讲解、示范、修改。 | 12 |
| 任务三 | 款式图表现技法 | 1.将服装效果图转化为款式图。<br>2.在款式图上标注要点。<br>3.不同品类服装款式图表现（春夏男、女装，秋冬男、女装，青少年装，童装及度假装等）。 | 1.尝试将服装效果图转化成款式图。<br>2.学会借鉴创作服装款式图。<br>3.学会在款式图上体现服装的细节描绘。<br>4.在绘画学习中体会各种场合的着装要求和表现方法。 | 1.能够灵活地把服装效果图转换为款式图。<br>2.学生进行分组学习，实践、临摹。<br>3.学生仔细观察效果图，完整体现款式的细节部分。<br>4.教师采用整体教学和分组教学相结合，进行分析、讲解、示范、修改。 | 8 |

## 4 教学建议

在组织"时装画技法（2）"课程教学时，应以立足于培养学生的岗位职业能力，适当结合款式图的要求，做出能够转化为服装成品的可行性设计。

### 4.1 教学实施建议

（1）在教学过程中，应立足于加强学生实际操作能力的培养，采用任务引领、项目教学的方法，提高学生的学习兴趣，激发学生的成就感。

（2）在教学过程中，有机结合教师示范和学生分组操作训练、学生提问和教师解答，通过"教"与"学"的师生互动，学生能熟悉掌握时装画技法表现基本技能，学会时装画技法的表现方法。

（3）在教学过程中，要创设工作情境，紧密结合本专业方向课程的要求，加强操作训练，使学生掌握时装画技法的技能和要求，提高学生的动手和创新能力。

（4）在教学过程中，要充分运用实物、图片、多媒体等教学手段来直观演示教学内容。

（5）在教学过程中，要及时关注时装画技法课程方面的新的发展趋势，为学生提供后续课程的发展空间，为努力培养学生的职业能力和创新精神打下良好的基础。

### 4.2 教学评价建议

（1）以学习目标为评价标准，采用阶段评价、目标评价、理论与实践一体化的的评价模式。

（2）关注评价的多元化，结合课堂提问、学生作业、平时测验、实验实训、技能竞赛及考试情况，综合评定学生成绩。

（3）应注重对学生的动手能力和在实践中分析、解决问题能力的考核，对在时装画技法课程学习和应用上有创新的学生应给予特别鼓励，综合评价学生的能力。

### 4.3 教材编写建议

（1）依据本课程标准编写教材，且教材应充分体现任务引领、实践导向的课程设计思想。

（2）以"工作任务"为主线来设计教材，结合职业技能鉴定要求，以岗位需要为原则来确定教学内容，根据完成专业教学任务的需要来组织教材内容。

（3）教材应体现通用性、实用性、先进性，要反映本专业的新技术、新知识，教学活动的选择和设计要科学、具体、可操作。

（4）教材文字表述要精练、准确，内容呈现应做到图文并茂，力求易学、易懂。

### 4.4 资源开发利用建议

（1）注重实训室、课堂配套练习题和实训教材的开发与应用。

（2）注重多媒体教学资源库、多媒体教学课件和多媒体仿真软件等现代化教学资源的开发与利用，努力实现跨学校多媒体资源的共享，以提高课程资源的利用率。

（3）积极开发和利用网络课程资源，充分利用电子书籍、电子期刊、数字图书馆、教育网站和电子论坛等网络信息资源。

（4）充分利用学校的实训设施设备，将教学与实训合一，满足学生综合职业能力培养的需要。

# "计算机辅助设计（2）"课程标准

**课程名称**：计算机辅助设计（2）

**课程代码**：120301342

**学时**：45　**学分**：2　**理论学时**：23　**实训学时**：22　**考核方式**：随堂作业

**先修课程**：素描、色彩、构成原理、计算机辅助设计（1）

**适用专业**：服装与服饰设计专业

**开课院系**：上海东海职业技术学院服装与服饰设计专业教研室

**教材**：《服装效果图电脑绘制》（卫向虎、温兰编著，学林出版社，2016 年）

**主要参考书**：[1] 丁雯.CorelDRAW X5 服装设计标准教程.北京：人民邮电出版社，2012.

[2] 李满.Photoshop 经典案例教程.北京：北京交通大学出版社，2010.

[3] 莫丹华.Illustrator 图形设计.青岛：中国海洋大学出版社，2018.

## 1 课程性质及设计思路

### 1.1 课程性质

"计算机辅助设计（2）"是服装与服饰设计专业的一门专业基础必修课程。本课程体现理论与实践一体化的教学思想，突出以能力为本位、以应用为目的的职业教育特色。本课程系统地讲述计算机辅助设计的基础知识，要求学生掌握 Illustrator（或 CorelDRAW X5）及 Photoshop 的操作方法，详细讲述 Illustrator（或 CorelDRAW X5）及 Photoshop 的操作步骤及运用的方法。经过课堂辅导与训练，使学生能具有计算机辅助设计的基本技能和解决实际问题的能力。

### 1.2 设计思路

本课程的总体设计思路是，坚持"做中学、做中教"，积极探索理论和实践相结合的教学模式，通过任务引领、运用 Illustrator（或 CorelDRAW X5）及 Photoshop 软件进行相关图像及海报制作等项目活动，引导学生通过学习过程的体验，提高学习兴趣，激发学习动力，让学生能了解计算机辅助设计的基础知识、Illustrator（或 CorelDRAW X5）及 Photoshop 软件的操作方法，具备能运用所学的计算机辅助设计的基本技能，学会运用计算机软件制作所需的图像和服装效果图等。在组织课堂教学时，应以立足于培养学生的计算机辅助设计的运用能力，用各种方式激励学生学习。建议用项目教学法进行教学。

课程内容的选取，根据辅助设计的相关软件，紧紧围绕计算机辅助设计课程的重点，将所学的操作方法运用于实际作品中；同时充分考虑本专业高职生对相关理论知识的理解层次，融入相应的理论知识，为学生完成后续的毕业设计课程作业打下重要的基础。

课程内容组成，以先介入计算机辅助设计软件的基础知识，然后运用相关软件于图像及服装效果图作品为线索设计，包含了 Photoshop 软件的基础知识、图像合成及海报制作、服装设计灵感版制作、人体模板及款式图制作、效果图、面料制作及系列排版、接版制作 6 个工作任务。

本课程建议为 45 课时。

## 2 课程目标

### 2.1 能力目标

通过本课程的学习，学生能够运用计算机辅助设计的基础知识，掌握计算机辅助设计的基本理论及技能。

## 2.2 知识目标

了解计算机辅助服装设计的基础知识；掌握 Illustrator（或 CorelDRAW X5）及 Photoshop 等软件的基本操作方法，知晓图形绘制、修整及图像合成等操作步骤。

## 2.3 素质目标

（1）具有热爱本职工作、爱岗敬业、乐于奉献的精神；

（2）具有进行计算机辅助设计的基本能力；

（3）培养学生积极思考、勇于探索的精神；

（4）具有团结协作精神。

## 3 课程内容与要求

表1 课程内容与要求

| 任务序号 | 教学任务 | 活动内容 | 活动要求 | 活动设计建议/实训技能要点 | 参考课时 |
|---|---|---|---|---|---|
| 任务一 | Photoshop 软件基础知识 | 1.Photoshop 软件的系统要求。<br>2.Photoshop 软件的工作界面。<br>3.Photoshop 软件工具使用方法。<br>4.图形绘制和修正。 | 1. 了解 Photoshop 软件的基础知识。<br>2. 掌握图形绘制的基本方法。<br>3. 掌握图像修正的基本方法。<br>4. 掌握基本图像编辑方法。 | 1. 教师引导与鼓励学生，调动学生积极性。<br>2. 教师进行现场操作与多媒体教学结合。<br>3. 师生共同讨论与分析。<br>4. 进行人像照片修正训练。 | 6 |
| 任务二 | 图像合成及海报制作(Photoshop) | 1. 图像合成训练。<br>2. 字体设计绘制训练。<br>3. 海报制作训练。 | 1. 掌握图像合成的基本方法。<br>2. 掌握抠图的基本方法。<br>3. 掌握字体设计的基本方法。<br>4. 掌握海报制作的基本方法。<br>5. 能够对操作对象进行合理分析并运用合适的表现技巧进行恰当的绘制表现。 | 1. 教师示范。<br>2. 学生练习。<br>3. 多媒体展示与教师讲解相结合。<br>4. 进行通道抠图训练。<br>5. 进行快速选择工具抠图训练。 | 9 |
| 任务三 | 服装设计灵感版制作(Photoshop) | 1. 灵感版制作的基本方法。<br>2. 灵感版制作的图像绘制和调整色彩的方法。 | 1.搜集电子版灵感图片。<br>2.掌握混合排版方法。<br>3.掌握分割排版方法。<br>4.设计排版。 | 1. 教师利用实物与多媒体展示相结合，让学生对款式进行分析。<br>2. 灵感版图片整理及灵感叙述。<br>3. 学生以分组合作的形式进行设计练习。<br>4. 教师进行现场讲解并指导学生练习。 | 8 |

表 1（续）

| 任务序号 | 教学任务 | 活动内容 | 活动要求 | 活动设计建议 /实训技能要点 | 参考课时 |
|---|---|---|---|---|---|
| 任务四 | 人体模板及款式图制作（Illustrator 或 CorelDRAW X5） | 1.Illustrator 软件的基础知识。2. 人体模板绘制。3. 人体模板线稿上色。4. 款式图绘制。 | 1. 了解 Illustrator 软件的基础知识。2. 掌握人体线稿绘制的方法。3. 掌握线稿上色的方法。4. 掌握款式图绘制的方法。 | 1. 教师利用实物展示与多媒体展示相结合，让学生对款式进行分析。2. 进行用鼠标及手绘板绘制训练。3. 学生以分组合作方式进行设计练习。4. 教师进行现场讲解并指导学生练习。 | 8 |
| 任务五 | 效果图、面料制作及系列排版（Photoshop） | 1. 面料制作。2. 效果图绘制。3. 系列排版。 | 1. 掌握面料制作的方法。2. 掌握服装效果图绘制的方法。3. 掌握系列排版的方法。 | 1. 教师利用实物展示与多媒体展示相结合，让学生对款式进行分析。2. 面料图片的搜集。3. 学生以分组合作方式进行设计练习。4. 教师进行现场讲解并指导学生练习。 | 6 |
| 任务六 | 接版制作（Photoshop） | 接版练习。 | 1. 掌握散点接版。2. 掌握整体接版。 | 1. 教师利用实物展示与多媒体展示相结合，让学生对款式进行分析。2. 搜集喜欢的图案并进行接版练习。3. 设计 T 恤图案。4. 学生以分组合作方式进行设计练习。5. 教师进行现场讲解并指导学生练习。 | 8 |

## 4 教学建议

在组织"计算机辅助设计（2）"课程教学时，应立足于加强学生实际操作能力的培养，采用理论讲授法、项目教学法，结合学生分组训练、教师讲评等方式，提高学生的学习兴趣。

### 4.1 教学实施建议

（1）在教学过程中，应立足于加强学生实际操作能力的培养，采用任务引领、项目教学的方法，提高学生的学习兴趣，激发学生的成就感。

（2）在教学过程中，有机结合教师示范和学生分组操作训练、学生提问和教师解答，通过"教"与"学"的师生互动，学生能熟悉掌握计算机辅助设计的基本方法，学会相关软件的操作方法。

（3）在教学过程中，要创设工作情境，紧密结合本专业方向课程的要求，加强操作训练，使学生掌握相关软件的操作方法，提高学生的动手和创新能力。

（4）在教学过程中，要充分运用实物、图片、多媒体等教学手段来直观演示教学内容。

（5）在教学过程中，要及时关注计算机辅助设计课程方面的新的发展趋势，为学生提供后续课程的发展空间，为努力培养学生的职业能力和创新精神打下良好的基础。

## 4.2 教学评价建议

（1）以学习目标为评价标准，采用阶段评价、目标评价、理论与实践一体化的的评价模式。

（2）关注评价的多元化，结合课堂提问、学生作业、平时测验、实验实训、技能竞赛及考试情况，综合评定学生成绩。

（3）应注重对学生的动手能力和在实践中分析、解决问题能力的考核，对在计算机辅助设计课程学习和应用上有创新的学生应给予特别鼓励，综合评价学生的能力。

## 4.3 教材编写建议

（1）依据本课程标准编写教材，且教材应充分体现任务引领、实践导向的课程设计思想。

（2）以"工作任务"为主线来设计教材，结合职业技能鉴定要求，以岗位需要为原则来确定教学内容，根据完成专业教学任务的需要来组织教材内容。

（3）教材应体现通用性、实用性、先进性，要反映本专业的新技术、新知识，教学活动的选择和设计要科学、具体、可操作。

（4）教材文字表述要精练、准确，内容呈现应做到图文并茂，力求易学、易懂。

## 4.4 资源开发利用建议

（1）注重实训室、课堂配套练习题和实训教材的开发与应用。

（2）注重多媒体教学资源库、多媒体教学课件和多媒体仿真软件等现代化教学资源的开发与利用，努力实现跨学校多媒体资源的共享，以提高课程资源的利用率。

（3）积极开发和利用网络课程资源，充分利用电子书籍、电子期刊、数字图书馆、教育网站和电子论坛等网络信息资源。

（4）充分利用学校的实训设施设备，将教学与实训合一，满足学生综合职业能力培养的需要。

# "服装与服饰设计（3）"课程标准

**课程名称：**服装与服饰设计（3）

**课程代码：**120305303

**学时：**30　**学分：**2　**理论学时：**15　**实训学时：**15　**考核方式：**随堂作业

**先修课程：**时装画技法、服装与服饰设计

**适用专业：**服装与服饰设计专业

**开课院系：**上海东海职业技术学院服装与服饰设计专业教研室

**教材：**《手绘服装款式设计与表现 1288 例》（潘璠编著，中国纺织出版社，2016 年）

**主要参考书：**[1] 孙琰. 服装款式设计技法速成. 北京：化学工业出版社，2015.

　　　　　　　[2] 田秋实. 服装款式设计与表现. 北京：中国轻工业出版社，2015.

## 1 课程性质及设计思路

### 1.1 课程性质

"服装与服饰设计（3）"是服装与服饰设计专业的一门专业核心必修课程。本课程针对专业方向的需要，在"服装与服饰设计（2）"课程基础上采用以项目教学为主的教学方法，通过教师的案例分析及学生的自主、合作、探究学习，使学生掌握各类服装与服饰设计方法，注重基础知识的运用和技能的训练以及对市场和流行信息的调研分析，以项目为导向，在教学中注重设计与实训的对接，强化学生设计的创新能力。

### 1.2 设计思路

本课程的总体设计思路是，在课堂教学中先向学生讲授服装与服饰设计的基础知识，同时通过技能培养并重的方法（例如案例实训、教师示范、学生实践），培养学生能使用服装与服饰设计的表现方法进行服装与服饰设计创意。结合服装图案与服装设计的相关原理，安排课程内容循序渐进、由简到难，将理论与实践技能相结合，使学生能用各种工具和技法将服装设计构思通过不同的款式和搭配，以直观形象表达出来。

课程内容的选取，紧紧围绕完成服装与服饰设计项目所需的能力实训，同时充分考虑本专业高职生对相关理论知识的需要，融入服装设计职业资格鉴定的相关要求。

课程内容组成，以经典服饰以及各类服饰配件设计为线索设计，包含了服装与服饰设计概述，服装整体设计，发型、帽子与服装款式搭配，人物面部造型设计，围巾、手套与服装款式搭配，鞋袜与服装款式搭配，服装款式设计创作 7 个工作任务。

本课程建议为 30 课时。

## 2 课程目标

### 2.1 能力目标

通过本课程的学习，学生能够进行服饰与头部造型设计、人物面部服饰设计、颈躯部围巾与服装款式搭配、脚腿部鞋袜与服装款式搭配，充分掌握服装与服饰设计的基本技能。

## 2.2 知识目标

了解服装与服饰设计的重要作用和概念等；熟悉服装与服饰设计的具体表现方法和基本技能；了解人体和服装与服饰的关系，并以多样性的手法表现服装与服饰设计的具体过程。

## 2.3 素质目标

（1）具有热爱本职工作、爱岗敬业、乐于奉献的精神；

（2）具有进行服装与服饰设计的基本能力；

（3）形成对服装与服饰设计作品检查与评价、解决问题的分析判断能力；

（4）具有团结协作精神。

## 3 课程内容与要求

**表 1 课程内容与要求**

| 任务序号 | 教学任务 | 活动内容 | 活动要求 | 活动设计建议 / 实训技能要点 | 参考课时 |
|---|---|---|---|---|---|
| 任务一 | 服装与服饰设计概述 | 1. 介绍服装款式设计的概念<br>2. 服装款式设计的特点和功能。<br>3. 服装款式设计鉴赏。 | 1. 理解服装款式设计的概念和分类。<br>2. 认识服装款式设计的特点和功能。<br>3. 了解服装款式设计的学习方法和要求。 | 1. 建议通过丰富多彩的范例图片来引起学生的兴趣。<br>2. 收集服装款式设计的资料。<br>3. 了解服装款式设计的特点、要求。<br>4. 教师采用整体教学和分组教学相结合，进行分析、讲解、示范、修改。 | 2 |
| 任务二 | 服装整体设计 | 1. 人物与服装款式的关系。<br>2. 服装款式审美原理。 | 1. 了解服装款式设计中人与服和装的关系。<br>2. 理解服装款式与整体形象的关系。 | 1. 体会人物形象的可塑性。<br>2. 整体形象与风格定位分组。<br>3. 教师采用整体教学和分组教学相结合，进行分析、讲解、示范、修改。 | 2 |
| 任务三 | 发型、帽子与服装款式搭配 | 1. 发型设计。<br>2. 帽子设计。<br>3. 发型及帽子与服装设计。 | 1. 了解所饰人物与发型的关系。<br>2. 了解发型及帽子与服装设计的关系。<br>3. 学会按风格搭配。<br>4. 学会创新设计。 | 1. 了解发型及帽子与服装设计的关系。<br>2. 学会创新设计。<br>3. 学会根据风格来搭配。<br>4. 教师采用整体教学和分组教学相结合，进行分析、讲解、示范、修改。 | 4 |
| 任务四 | 人物面部造型设计 | 1. 女性人物脸部与眼镜等装饰。<br>2. 男性人物脸部与眼镜等装饰。<br>3. 其他面部形态变化设计。 | 1. 了解男、女性人物脸部与眼镜等装饰规律。<br>2. 学会根据人物脸部设计眼镜等装饰。<br>3. 学会做各类面饰创新设计。 | 1. 了解男、女性人物脸部与眼镜等装饰规律。<br>2. 会做各类面饰创新设计。<br>3. 教师采用整体教学和分组教学相结合，进行分析、讲解、示范、修改。 | 4 |

表1（续）

| 任务序号 | 教学任务 | 活动内容 | 活动要求 | 活动设计建议 / 实训技能要点 | 参考课时 |
|---|---|---|---|---|---|
| 任务五 | 围巾、手套与服装款式搭配 | 1. 各类围巾、手套与女性着装。<br>2. 各类围巾、手套与男性着装。<br>3. 各类围巾、手套与儿童着装。<br>4. 绘制各类服装与围巾、手套创新设计。 | 1. 了解各类围巾形态材质和传统搭配。<br>2. 学会各类女性着装围巾手套的搭配。<br>3. 学会各类男性着装围巾手套的搭配。<br>4. 拓展学会各类着装图围巾手套的搭配创新设计。 | 1. 着重各类着装图围巾手套的搭配创新设计。<br>2. 分析着装与围巾手套材料的搭配。<br>3. 分析围巾手套的搭配与服装的关系。<br>4. 教师采用整体教学和分组教学相结合，进行分析、讲解、示范、修改。 | 6 |
| 任务六 | 鞋袜与服装款式搭配 | 1. 服装与鞋袜的传统搭配。<br>2. 各类着装与鞋袜的搭配创新设计。<br>3. 时尚风格鞋袜资料的搜集和分析。 | 1. 了解各类服装与鞋袜的传统搭配。<br>2. 学会服装和时尚风格鞋袜资料搜集和分析。<br>3. 拓展学会各类着装与鞋袜的搭配创新设计。 | 1. 各类着装与鞋袜的搭配创新设计。<br>2. 市场服装和时尚风格鞋袜资料搜集和分析。<br>3. 教师采用整体教学和分组教学相结合，进行分析、讲解、示范、修改。 | 6 |
| 任务七 | 服装款式设计创作 | 1. 服装与各类服饰设计。<br>2. 各种风格和面料质感的服饰。<br>3. 制作一份完整的服装服饰设计。 | 1. 了解服装与各类服饰设计变化规律。<br>2. 学会各种风格和面料质感的的服饰设计。<br>3. 能按要求制作一份完整的服装款式设计。 | 按要求做一份完整的服装效果图并共同点评。 | 6 |

## 4 教学建议

在组织"服装与服饰设计（3）"课程教学时，应以立足于培养学生的岗位职业能力，适当结合款式图的要求，做出能够转化为服装成品的可行性设计。

### 4.1 教学实施建议

（1）在教学过程中，应立足于加强学生实际操作能力的培养，采用任务引领、项目教学的方法，提高学生的学习兴趣，激发学生的成就感。

（2）在教学过程中，有机结合教师示范和学生分组操作训练、学生提问和教师解答，通过"教"与"学"的师生互动，学生能熟悉掌握服装与服饰设计技法表现基本技能，学会服装与服饰设计的表现方法。

（3）在教学过程中，要创设工作情境，紧密结合本专业方向课程的要求，加强操作训练，使学生掌握服装与服饰设计技法的技能和要求，提高学生的动手和创新能力。

（4）在教学过程中，要充分运用实物、图片、多媒体等教学手段来直观演示教学内容。

（5）在教学过程中，要及时关注服装与服饰设计课程方面的新的发展趋势，为学生提供后续课程的发展空间，为努力培养学生的职业能力和创新精神打下良好的基础。

## 4.2 教学评价建议

（1）以学习目标为评价标准，采用阶段评价、目标评价、理论与实践一体化的的评价模式。

（2）关注评价的多元化，结合课堂提问、学生作业、平时测验、实验实训、技能竞赛及考试情况，综合评定学生成绩。

（3）应注重对学生的动手能力和在实践中分析、解决问题能力的考核，对在服装与服饰设计课程学习和应用上有创新的学生应给予特别鼓励，综合评价学生的能力。

## 4.3 教材编写建议

（1）依据本课程标准编写教材，且教材应充分体现任务引领、实践导向的课程设计思想。

（2）以"工作任务"为主线来设计教材，结合职业技能鉴定要求，以岗位需要为原则来确定教学内容，根据完成专业教学任务的需要来组织教材内容。

（3）教材应体现通用性、实用性、先进性，要反映本专业的新技术、新知识，教学活动的选择和设计要科学、具体、可操作。

（4）教材文字表述要精练、准确，内容呈现应做到图文并茂，力求易学、易懂。

## 4.4 资源开发利用建议

（1）注重实训室、课堂配套练习题和实训教材的开发与应用。

（2）注重多媒体教学资源库、多媒体教学课件和多媒体仿真软件等现代化教学资源的开发与利用，努力实现跨学校多媒体资源的共享，以提高课程资源的利用率。

（3）积极开发和利用网络课程资源，充分利用电子书籍、电子期刊、数字图书馆、教育网站和电子论坛等网络信息资源。

（4）充分利用学校的实训设施设备，将教学与实训合一，满足学生综合职业能力培养的需要。

# "服装与服饰设计（4）"课程标准

**课程名称：** 服装与服饰设计（4）

**课程代码：** 120305304

**学时：** 34　**学分：** 2　**理论学时：** 17　**实训学时：** 17　**考核方式：** 随堂作业

**先修课程：** 素描、色彩、速写、构成原理、服装画技法、服装款式设计（1）

**适用专业：** 服装与服饰设计专业

**开课院系：** 上海东海职业技术学院服装与服饰设计专业教研室

**教材：**《手绘服装款式设计与表现 1288 例》（潘璠编著，中国纺织出版社，2016 年）

**主要参考书：** [1] 孙琰 . 服装款式设计技法速成 . 北京：化学工业出版社，2015.

　　　　　　[2] 田秋实 . 服装款式设计与表现 . 北京：中国轻工业出版社，2015.

## 1 课程性质及设计思路

### 1.1 课程性质

"服装与服饰设计（4）"是服装与服饰设计专业的一门专业核心必修课程。本课程针对专业方向的需要，在"服装与服饰设计（3）"课程的基础上采用以项目教学为主的教学方法，通过教师的案例分析及学生的自主、合作、探究学习，使学生掌握各类服装与服饰设计方法，注重基础知识的运用和技能的训练以及对市场和流行信息的调研分析，以项目为导向，在教学中注重设计与实训的对接，强化学生设计的创新能力。

### 1.2 设计思路

本课程的总体设计思路是，在课堂教学中先向学生讲授服装与服饰设计的基础知识，同时通过技能培养并重的方法（例如案例实训、教师示范、学生实践），培养学生能使用服装与服饰设计的表现方法进行服装与服饰设计创意。结合服装图案与服装设计的相关原理，安排课程内容循序渐进、由简到难，将理论与实践技能相结合，使学生能用各种工具和技法将服装设计构思通过不同的款式和搭配，以直观形象表达出来。

课程内容的选取，紧紧围绕完成服装服饰设计项目所需的能力实训，同时充分考虑本专业高职生对相关理论知识的需要，融入服装设计职业资格鉴定的相关要求。

课程内容组成，以服装款式设计与配饰的关系为线索设计，包含服装与首饰整体设计、功能饰品设计、包袋与服装款式搭配、多功能服装与服装款式搭配，服装款式设计创作 5 个工作任务。

本课程建议为 34 课时。

## 2 课程目标

### 2.1 能力目标

通过本课程的学习，使学生能够进行服装与首饰整体设计、功能饰品设计、包袋与服装款式搭配、多功能服装与服装款式搭配，充分掌握服装与服饰设计的基本技能。

### 2.2 知识目标

了解服装与服饰设计的重要作用和概念等；熟悉服装与服饰设计的具体表现方法和基本技能；了

解人体和服装与服饰的关系，并以多样性的手法表现服装与服饰设计的具体过程。

## 2.3 素质目标

（1）具有热爱本职工作、爱岗敬业、乐于奉献的精神；

（2）具有进行服装与服饰设计的基本能力；

（3）形成对服装与服饰设计作品检查与评价、解决问题的分析判断能力；

（4）具有团结协作精神。

## 3 课程内容与要求

表1 课程内容与要求

| 任务序号 | 教学任务 | 活动内容 | 活动要求 | 活动设计建议 / 实训技能要点 | 参考课时 |
|---|---|---|---|---|---|
| 任务一 | 服装与首饰整体设计 | 1.传统首饰与服装造型、服饰设计。2.讨论人物与服装、首饰的关系。3.服装和首饰的创新设计。 | 1.了解首饰设计中人与服装的关系。2.理解服装首饰与整体形象的关系。3.拓展学会服装和首饰的创新设计。 | 1.体会人物形象的可塑性。2.整体形象与风格定位分组。3.教师采用整体教学和分组教学相结合，进行分析、讲解、示范、修改。实训项目：首饰设计图稿绘制。 | 4 |
| 任务二 | 功能饰品造型设计 | 1.功能首饰设计与服装。2.功能帽饰设计与服装。3.功能腰饰设计与服装。 | 1.了解人物与功能首饰的关系。2.了解人物与功能帽饰、腰饰设计的关系。3.学会按风格做各类功能首饰设计搭配。4.学会创新设计。 | 1.了解另类首饰与服装设计的关系。2.学会创新设计和另类风格搭配。3.教师采用整体教学和分组教学相结合，进行分析、讲解、示范、修改。实训项目：功能饰品设计制作。 | 4 |
| 任务三 | 包袋与服装款式搭配 | 1.女性包袋设计和搭配。2.男性包袋设计和搭配。3.传统包袋设计和搭配原理讨论。 | 1.了解男女性包袋服装设计和搭配规律。2.学会根据服装设计作包袋搭配设计。3.学会根据人物服装设计作包袋搭配设计。 | 1.了解人物与服装及包袋装饰规律2.学会各类包饰搭配设计3.教师采用整体教学和分组教学相结合，进行分析、讲解、示范、修改。实训项目：包袋设计制作。 | 8 |
| 任务四 | 多功能服装与服装款式搭配 | 1.服装与伞扇等饰物的传统搭配。2.各类着装与多功能服饰的搭配创新设计。3.时尚风格多功能服饰资料搜集和分析。 | 1.了解各类服装与伞扇等饰物的传统搭配。2.学会各类着装与多功能服饰的搭配创新设计。3.拓展时尚风格多功能服饰资料搜集和分析和设计。 | 1.各类着装与多功能服饰的搭配创新设计。2.市场服装和时尚风格多功能服饰资料搜集和分析和设计。3.教师采用整体教学和分组教学相结合，进行分析、讲解、示范、修改。实训项目：服装与服饰品设计制作。 | 8 |

表1（续）

| 任务序号 | 教学任务 | 活动内容 | 活动要求 | 活动设计建议/实训技能要点 | 参考课时 |
|---|---|---|---|---|---|
| 任务五 | 服装款式设计创作 | 1. 服装与各类功能服饰设计的审美原理。<br>2. 各种风格和材料质感的服饰。<br>3. 制作一份完整的多功能服装与服饰设计。 | 1. 学会各类着装的搭配创新设计。<br>2. 了解服装与各类服饰设计的变化规律。<br>3. 学会各种风格和材料质感的服饰设计。<br>4. 能按要求制作一份完整的多功能服装与服饰设计。 | 按要求制作一份完整的多功能服装效果图并进行师生共同点评。 | 10 |

## 4　教学建议

在组织"服装与服饰设计（4）"课程教学时，应以立足于培养学生的岗位职业能力，适当结合款式图的要求，做出能够转化为服装成品的可行性设计。

### 4.1　教学实施建议

（1）在教学过程中，应立足于加强学生实际操作能力的培养，采用任务引领、项目教学的方法，提高学生的学习兴趣，激发学生的成就感。

（2）在教学过程中，有机结合教师示范和学生分组操作训练、学生提问和教师解答，通过"教"与"学"的师生互动，学生能熟悉掌握服装与服饰设计技法表现基本技能，学会服装与服饰设计的表现方法。

（3）在教学过程中，要创设工作情境，紧密结合本专业方向课程的要求，加强操作训练，使学生掌握服装与服饰设计技法的技能和要求，提高学生的动手和创新能力。

（4）在教学过程中，要充分运用实物、图片、多媒体等教学手段来直观演示教学内容。

（5）在教学过程中，要及时关注服装与服饰设计课程方面的新的发展趋势，为学生提供后续课程的发展空间，为努力培养学生的职业能力和创新精神打下良好的基础。

### 4.2　教学评价建议

（1）以学习目标为评价标准，采用阶段评价、目标评价、理论与实践一体化的评价模式。

（2）关注评价的多元化，结合课堂提问、学生作业、平时测验、实验实训、技能竞赛及考试情况，综合评定学生成绩。

（3）应注重对学生的动手能力和在实践中分析、解决问题能力的考核，对在服装与服饰设计课程学习和应用上有创新的学生应给予特别鼓励，综合评价学生的能力。

### 4.3　教材编写建议

（1）依据本课程标准编写教材，且教材应充分体现任务引领、实践导向的课程设计思想。

（2）以"工作任务"为主线来设计教材，结合职业技能鉴定要求，以岗位需要为原则来确定教学内容，根据完成专业教学任务的需要来组织教材内容。

（3）教材应体现通用性、实用性、先进性，要反映本专业的新技术、新知识，教学活动的选择和设计要科学、具体、可操作。

（4）教材文字表述要精练、准确，内容呈现应做到图文并茂，力求易学、易懂。

## 4.4 资源开发利用建议

（1）注重实训室、课堂配套练习题和实训教材的开发与应用。

（2）注重多媒体教学资源库、多媒体教学课件和多媒体仿真软件等现代化教学资源的开发与利用，努力实现跨学校多媒体资源的共享，以提高课程资源的利用率。

（3）积极开发和利用网络课程资源，充分利用电子书籍、电子期刊、数字图书馆、教育网站和电子论坛等网络信息资源。

（4）充分利用学校的实训设施设备，将教学与实训合一，满足学生综合职业能力培养的需要。

# "女装结构综合设计"课程标准

**课程名称：**女装结构综合设计

**课程代码：**120305305

**学时：**45　**学分：**3　　**理论学时：**22　　**实训学时：**23　　**考核方式：**随堂作业

**先修课程：**服装结构设计基础、结构设计与工艺

**适用专业：**服装与服饰设计专业

**开课院系：**上海东海职业技术学院服装与服饰设计专业教研室

**教材：**《女装结构细节解析》（徐雅琴、惠洁编著，上海：东华大学出版社，2010年）

**主要参考书：**[1] 徐雅琴，马跃进．服装制图与样板制作（第4版）．北京：中国纺织出版社，2018.

　　　　　　　[2] 蒋锡根．服装结构设计—服装母型裁剪法．上海：上海科学技术出版社，1994.

　　　　　　　[3] 吕学海．服装结构制图．北京：中国纺织出版社，2003.

## 1 课程性质及设计思路

### 1.1 课程性质

"女装结构综合设计"是服装与服饰设计专业的一门专业核心必修课程。本课程体现理论与实践一体化的教学思想，突出以能力为本位、以应用为目的的职业教育特色。本课程系统地讲述了女装结构设计方法及基本原理，详细讲述了女装的衣身、衣领及衣袖结构设计步骤、各部位的款式变化及相应的结构变化规律。经过课堂辅导与训练，学生能具有女装衣身、衣领、衣袖结构设计及女装整体结构设计的基本技能和解决实际问题的能力。

### 1.2 设计思路

本课程的总体设计思路是，坚持"做中学、做中教"，积极探索理论和实践相结合的教学模式，通过任务引领和衣身、衣领、衣袖结构图及女装整体结构设计制作等项目活动，引导学生通过学习过程的体验，提高学习兴趣，激发学习动力，让学生能了解女装结构设计方法、衣身、衣领及衣袖的分类，掌握衣身、衣领、衣袖及整体女装的结构设计方法，具备能根据服装款式图转化为平面结构图的技能技巧，理解女装结构设计基本原理。在组织课堂教学时，应以立足于培养学生女装结构图的绘制能力，用各种方式激励学生学习。建议用项目教学法进行教学。

课程内容的选取，根据女装的分部（衣身、衣领及衣袖）结构设计的基本型进行款式变化，紧紧围绕女装分部及整体结构设计的要点，学会根据女装结构设计的实际应用方法；同时充分考虑本专业高职生对相关理论知识的理解层次，融入相应的理论知识，为学生今后从事服装结构设计方面的工作打下重要的基础。

课程内容组成，以女装分部（衣身、衣领及衣袖）及整体结构设计的基本型进行款式变化为线索设计，包含女装结构设计的表达方法、女装衣身结构设计、女装衣领结构设计、女装衣袖结构设计及女装整体结构设计5个工作任务。

本课程建议为45课时。

## 2 课程目标

### 2.1 能力目标

通过本课程的学习，使学生能够运用女装结构设计的基本原理进行女装分部及整体结构设计，掌握女装分部及整体结构设计的基本理论及技能。

### 2.2 知识目标

了解女装衣身、衣领、衣袖的分类，基本结构，构成要素，结构变化方法及步骤；掌握女装整体结构设计方法及步骤。

### 2.3 素质目标

（1）具有热爱本职工作、爱岗敬业、乐于奉献的精神；

（2）具有进行女装分部及整体女装结构设计的基本能力；

（3）培养学生积极思考、勇于探索的精神；

（4）具有团结协作精神。

## 3 课程内容与要求

### 表1 课程内容与要求

| 任务序号 | 教学任务 | 活动内容 | 活动要求 | 活动设计建议 / 实训技能要点 | 参考课时 |
|---|---|---|---|---|---|
| 任务一 | 女装结构设计的表达方法 | 1.女装结构设计的表达方法。<br>2.女装结构设计的基本原理。<br>3.绘制女装结构图的要点。 | 1.了解女装结构设计的表达方法。<br>2.理解女装结构设计的基本原理。<br>2.掌握绘制女装结构图的要点。 | 1.通过图片和实物让学生直观的了解具体的表达方法。<br>2.通过实例讲解女装结构设计的基本原理。<br>3.通过图片演示让学生了解女装结构图的绘制方法。 | 3 |
| 任务二 | 女装衣身结构设计 | 1.衣身的类别、基本结构及构成要素。<br>2.胸省结构设计的基本原理及构成方法。<br>3.胸褶裥结构设计的基本原理及构成方法。<br>4.分割线结构设计的基本原理及构成方法。 | 1.理解女装衣身的类别、基本结构及构成要素。<br>2.掌握衣身胸省结构图绘制的要点及技巧。<br>3.掌握胸褶裥结构图绘制的要点及技巧。<br>4.掌握分割线结构图绘制的要点及技巧。 | 1.通过图片，教师引导学生观察衣身基本型的款式图。<br>2.老师利用PPT或视频讲解衣身各部位结构线条名称。<br>3.利用衣身基本型实物让学生理解各部位的组合关系。<br>4.教师分步演示衣身基本型的绘制方法。<br>5.实训项目：<br>(1)绘制衣身胸省结构图。<br>(2)绘制衣身胸褶裥结构图。<br>(3)绘制衣身分割线结构图。 | 8 |

表1（续）

| 任务序号 | 教学任务 | 活动内容 | 活动要求 | 活动设计建议/实训技能要点 | 参考课时 |
|---|---|---|---|---|---|
| 任务三 | 女装衣领结构设计 | 1. 衣领的类别、基本结构及构成要素。<br>2. 袒领结构设计的基本原理及构成方法。<br>3. 立领结构设计的基本原理及构成方法。<br>4. 翻驳领结构设计的基本原理及构成方法。 | 1. 理解女装衣领的类别、基本结构及构成要素。<br>2. 掌握袒领结构图绘制的要点及技巧。<br>3. 掌握立领结构图绘制的要点及技巧。<br>4. 掌握翻驳领结构图绘制的要点及技巧。 | 1. 通过图片，教师引导学生观察衣领的款式图。<br>2. 老师利用PPT或视频讲解衣领的设定规格要求。<br>3. 利用相关衣领实物让学生理解女装衣领的变化特点。<br>4. 教师分步演示衣领各类款式的绘制方法。<br>5. 实训项目：<br>(1) 绘制袒领结构图。<br>(2) 绘制立领结构图。<br>(3) 绘制翻驳领结构图。 | 8 |
| 任务四 | 女装衣袖结构设计 | 1. 衣袖的类别、基本结构及构成要素。<br>2. 衣袖各部位结构设计的基本原理及构成方法。<br>3. 装袖型衣袖结构设计的基本原理及构成方法。<br>4. 连袖型衣袖结构设计的基本原理及构成方法。 | 1. 理解女装衣袖的类别、基本结构及构成要素。<br>2. 掌握衣袖各部位结构图绘制的要点及技巧。<br>3. 掌握装袖型结构图绘制的要点及技巧。<br>4. 掌握连袖型结构图绘制的要点及技巧。 | 1. 通过图片，教师引导学生观察衣袖的款式图。<br>2. 老师用PPT或视频讲解衣袖的设定规格要求。<br>3. 用相关衣袖实物让学生理解女装衣袖的变化特点。<br>4. 教师分步演示衣袖各类款式的绘制方法。<br>5. 实训项目：<br>(1) 绘制衣袖各部位结构图。<br>(2) 绘制装袖型衣袖结构图。<br>(3) 绘制连袖型衣袖结构图。 | 8 |
| 任务五 | 女装整体结构设计 | 1. 女装的类别。<br>2. 各品类女装各部位结构设计的基本原理及构成方法。<br>3. 各品类女装结构图绘制的要点。 | 1. 审视各品类女装款式图，确定结构设计方案。<br>2. 理解各品类女装各部位结构设计的基本原理。<br>3. 掌握各品类女装结构图绘制的要点及技巧。 | 1. 通过图片，教师引导学生观察各品类女装的款式图。<br>2. 老师利用PPT或视频讲解各品类女装的设定规格要求。<br>3. 利用相关各品类女装实物让学生理解各品类的变化特点。<br>4. 教师分步演示各品类女装款式的绘制方法。<br>5. 实训项目：<br>(1) 绘制基本型衬衫结构图。<br>(2) 绘制变化型衬衫结构图。 | 18 |

## 4 教学建议

在组织"女装结构综合设计"课程教学时,应立足于加强学生实际操作能力的培养,采用理论讲授法、项目教学法,结合学生分组训练、教师讲评等方式,提高学生的学习兴趣。

### 4.1 教学实施建议

（1）在教学过程中，应立足于加强学生实际操作能力的培养，采用任务引领、项目教学的方法，提高学生的学习兴趣，激发学生的成就感。

（2）在教学过程中，有机结合教师示范和学生分组操作训练、学生提问和教师解答，通过"教"与"学"的师生互动，学生能熟悉掌握女装结构设计的应用技能，学会女装结构设计方法。

（3）在教学过程中，要创设工作情境，紧密结合本专业方向课程的要求，加强操作训练，使学生掌握女装结构设计的基本原理和构成方法，提高学生的动手和创新能力。

（4）在教学过程中，要充分运用实物、图片、多媒体等教学手段来直观演示教学内容。

（5）在教学过程中，要及时关注女装结构综合设计课程方面的新的发展趋势，为学生提供后续课程的发展空间，为努力培养学生的职业能力和创新精神打下良好的基础。

### 4.2 教学评价建议

（1）以学习目标为评价标准，采用阶段评价、目标评价、理论与实践一体化的评价模式。

（2）关注评价的多元化，结合课堂提问、学生作业、平时测验、实验实训、技能竞赛及考试情况，综合评定学生成绩。

（3）应注重对学生的动手能力和在实践中分析、解决问题能力的考核，对在女装结构综合设计课程学习和应用上有创新的学生应给予特别鼓励，综合评价学生的能力。

### 4.3 教材编写建议

（1）依据本课程标准编写教材，且教材应充分体现任务引领、实践导向的课程设计思想。

（2）以"工作任务"为主线来设计教材，结合职业技能鉴定要求，以岗位需要为原则来确定教学内容，根据完成专业教学任务的需要来组织教材内容。

（3）教材应体现通用性、实用性、先进性，要反映本专业的新技术、新知识，教学活动的选择和设计要科学、具体、可操作。

（4）教材文字表述要精练、准确，内容呈现应做到图文并茂，力求易学、易懂。

### 4.4 资源开发利用建议

（1）注重实训室、课堂配套练习题和实训教材的开发与应用。

（2）注重多媒体教学资源库、多媒体教学课件和多媒体仿真软件等现代化教学资源的开发与利用，努力实现跨学校多媒体资源的共享，以提高课程资源的利用率。

（3）积极开发和利用网络课程资源，充分利用电子书籍、电子期刊、数字图书馆、教育网站和电子论坛等网络信息资源。

（4）充分利用学校的实训设施设备，将教学与实训合一，满足学生综合职业能力培养的需要。

# "女外套缝制工艺"课程标准

**课程名称：**女外套缝制工艺

**课程代码：**120305306

**学时：**60　**学分：**4　**理论学时：**30　**实训学时：**30　**考核方式：**随堂作业

**先修课程：**成衣工艺基础、结构设计与工艺

**适用专业：**服装与服饰设计专业

**开课院系：**上海东海职业技术学院服装与服饰设计专业教研室

**教材：**《成衣纸样与服装缝制工艺（第2版）》（孙兆全编著，中国纺织出版社，2010年）

**主要参考书：**[1] 张繁荣 . 服装工艺（第3版）. 北京：中国纺织出版社，2017.

　　　　　　[2] 朱奕，肖平 . 服装成衣制作工艺 . 青岛：中国海洋大学出版社，2019.

## 1 课程性质及设计思路

### 1.1 课程性质

"女外套缝制工艺"是服装与服饰设计专业的一门专业核心必修课程。本课程体现理论与实践一体化的教学思想，突出以能力为本位、以应用为目的的职业教育特色。本课程系统地讲述了外套装缝制工艺的操作方法，详细讲述了女外套衣身、衣领及衣袖缝制工艺的操作步骤和缝制要点及技巧。经过课堂辅导与训练，使学生能具有女外套缝制工艺的基本技能和解决实际问题的能力。

### 1.2 设计思路

本课程的总体设计思路是，坚持"做中学、做中教"，积极探索理论和实践相结合的教学模式，通过任务引领和运用基础工艺进行成品制作等项目活动，引导学生通过学习过程的体验，提高学习兴趣，激发学习动力，让学生了解女外套缝制工艺的操作方法，具备能运用所学的缝制工艺进行女外套制作的基本技能，完成女外套的缝制工艺。在组织课堂教学时，应以立足于培养学生的女外套缝制工艺的运用能力，用各种方式激励学生学习。建议用项目教学法进行教学。

课程内容的选取，根据女外套衣身、衣领及衣袖的缝制工艺，紧紧围绕女外套缝制工艺课程的重点，将所学的缝制工艺运用于实际成品（外套）中；同时充分考虑本专业高职生对相关理论知识的理解层次，融入相应的理论知识，为学生今后从事服装工艺设计方面的工作打下重要的基础。

课程内容组成，以女外套缝制的顺序和工艺要求为线索设计，包含女外套排料与裁剪及粘衬、女外套衣身缝制工艺、女外套衣领缝制工艺、女外套衣袖缝制工艺、女外套衣里缝制工艺、女外套衣面与衣里组合缝制工艺、女外套后整理工艺7个工作任务。

本课程建议为60课时。

## 2 课程目标

### 2.1 能力目标

通过本课程的学习，学生能够运用女外套的缝制工艺，按女外套的缝制顺序和工艺要求，独立完成女外套的成品制作，掌握女外套缝制工艺的基本理论及技能。

### 2.2 知识目标

了解女外套的缝制工艺步骤和要求；掌握女外套衣身、衣领及衣袖缝制的基本方法。

## 2.3 素质目标

（1）具有热爱本职工作、爱岗敬业、乐于奉献的精神；

（2）具有进行女外套缝纫制作的基本能力；

（3）培养学生积极思考、勇于探索的精神；

（4）具有团结协作精神。

## 3 课程内容与要求

表1 课程内容与要求

| 任务序号 | 教学任务 | 活动内容 | 活动要求 | 活动设计建议/实训技能要点 | 参考课时 |
|---|---|---|---|---|---|
| 任务一 | 女外套排料与裁剪及粘衬 | 1.解读与体验工艺单。<br>2.女外套的样板制作。<br>3.女外套的排料。<br>4.女外套的裁剪。<br>5.女外套的粘衬。 | 1.熟悉工艺单要求。<br>2.女外套样板制作。<br>3.熟悉面料性能。<br>4.掌握熨烫面料的要点及技巧。<br>5.掌握女外套排料的要点及技巧。<br>6.掌握女外套粘衬的要点及技巧。<br>7.能达到独立操作的能力，并符合质量要求。 | 1.观察并交流，激发学生兴趣。<br>2.教师讲解熟悉工艺单的方法。<br>3.学习小组讨论女外套1：1制图、样板制作及排料与裁剪要求并绘图及操作。<br>4.师生点评学生操作完成的内容。<br>5.教师演示女外套有代表性的内容进行制作。<br>6.学生操作并交流成果。 | 4 |
| 任务二 | 女外套衣身缝制工艺 | 1.前片分割线缝制。<br>2.前片口袋缝制。<br>3.前片挂面缝制。<br>4.后片中缝及分割线缝制。<br>5.前后肩缝组合缝制。<br>6.前后侧缝组合缝制。<br>7.底边缝制。 | 1.掌握前、后片分割线缝制要点及技巧。<br>2.掌握前口袋缝制要点及技巧。<br>3.掌握挂面缝制要点及技巧。<br>4.掌握肩缝组合要点及技巧。<br>5.掌握侧缝组合要点及技巧。<br>6.掌握底边缝制要点及技巧。<br>7.能达到独立操作的能力，并符合质量要求。 | 1.教师演示讲解；学生操作。<br>2.学生完成作品，并根据制作要求自评。<br>3.师生互评作品。<br>4.交流操作感受。<br>5.教师进行个别指导并记录操作不良现象。<br>6.教师点评学生的操作。<br>7.学习小组合作讨论与总结作品的制作要点。 | 12 |
| 任务三 | 女外套衣领缝制工艺 | 1.衣领面、里配置。<br>2.衣领面、里组合缝制。<br>3.衣领装配组合缝制。<br>4.衣领熨烫工艺。 | 1.掌握衣领面、里配置要点及技巧。<br>2.掌握衣领面、里组合缝制要点及技巧。<br>3.掌握衣领装配组合要点及技巧。<br>4.掌握衣领熨烫工艺要点及技巧。<br>5.能达到独立操作的能力，并符合质量要求. | 1.教师进行演示讲解；学生操作。<br>2.学生完成作品，并根据制作要求自评。<br>3.师生互评作品。<br>4.交流操作感受。<br>5.教师进行个别指导并记录操作不良现象。<br>6.教师点评学生的操作。<br>7.学习小组合作讨论与总结作品的制作要点。 | 10 |

表1（续）

| 任务序号 | 教学任务 | 活动内容 | 活动要求 | 活动设计建议／实训技能要点 | 参考课时 |
|---|---|---|---|---|---|
| 任务四 | 女外套衣袖缝制工艺 | 1.袖片侧缝组合缝制。<br>2.袖山吃势缝制。<br>3.衣袖装配组合缝制。<br>4.衣袖熨烫工艺。 | 1.掌握袖侧缝组合缝制要点及技巧。<br>2.掌握袖山吃势缝制要点及技巧。<br>3.掌握衣袖装配组合缝制要点及技巧。<br>4.掌握衣袖熨烫工艺要点及技巧。<br>6.能达到独立操作的能力，并符合质量要求 | 1.教师进行演示讲解；学生操作。<br>2.学生完成作品，并根据制作要求自评。<br>3.师生互评作品。<br>4.交流操作感受。<br>5.教师进行个别指导并记录操作不良现象。<br>6.教师点评学生的操作。<br>7.学习小组合作讨论与总结作品的制作要点。 | 12 |
| 任务五 | 女外套衣里缝制工艺 | 1.衣里衣身缝制。<br>2.衣里衣身缝份折烫<br>3.衣里衣袖缝制。<br>4.衣里衣袖缝份折烫。<br>5.衣里整体熨烫工艺。 | 1.掌握衣里衣身缝制要点及技巧。<br>2.掌握衣里衣身缝份折烫要点及技巧。<br>3.掌握衣里衣袖缝制要点及技巧。<br>4.掌握衣里衣袖缝份折烫要点及技巧。<br>5.掌握衣里整体熨烫工艺要点及技巧。 | 1.教师进行演示讲解；学生操作。<br>2.学生完成作品，并根据制作要求自评。<br>3.师生互评作品。<br>4.交流操作感受。<br>5.教师进行个别指导并记录操作不良现象。<br>6.教师点评学生的操作。<br>7.学习小组合作讨论与总结作品的制作要点。 | 8 |
| 任务六 | 女外套衣面里组合缝制工艺 | 1.衣面、里挂面组合缝制。<br>2.衣面、里衣领组合缝制。<br>3.衣面、里衣袖组合缝制。<br>4.衣面、里内缝固定缝制。 | 1.掌握衣面、里挂面组合缝制要点及技巧。<br>2.掌握衣面、里衣领组合缝制要点及技巧。<br>3.掌握衣面、里衣袖组合缝制要点及技巧。<br>4.掌握衣面、里内缝固定缝制要点及技巧。 | 1.教师进行演示讲解；学生操作。<br>2.学生完成作品，并根据制作要求自评。<br>3.师生互评作品。<br>4.交流操作感受。<br>5.教师进行个别指导并记录操作不良现象。<br>6.教师点评学生的操作。<br>7.学习小组合作讨论与总结作品的制作要点。 | 10 |
| 任务七 | 女外套后整理工艺 | 1.锁眼、钉扣。<br>2.修剪线头。<br>3.外套整体熨烫。 | 1.掌握锁眼钉扣的要点及技巧。<br>2.线头务必修剪干净。<br>3.掌握外套整体熨烫工艺的要点及技巧。 | 1.教师进行演示讲解；学生操作。<br>2.学生完成作品，并根据制作要求自评。<br>3.师生互评作品。<br>4.交流操作感受。<br>5.教师进行个别指导并记录操作不良现象。<br>6.教师点评学生的操作。<br>7.学习小组合作讨论与总结作品的制作要点。 | 4 |

## 4 教学建议

在组织"女外套缝制工艺"课程教学时，应立足于加强学生实际操作能力的培养，采用理论讲授法、项目教学法，结合学生分组训练、教师讲评等方式，提高学生的学习兴趣。

### 4.1 教学实施建议

（1）在教学过程中，应立足于加强学生实际操作能力的培养，采用任务引领、项目教学的方法，提高学生的学习兴趣，激发学生的成就感。

（2）在教学过程中，有机结合教师示范和学生分组操作训练、学生提问和教师解答，通过"教"与"学"的师生互动，学生能熟悉掌握女外套缝制的顺序和技术要领，学会女外套缝制工艺的基本技能。

（3）在教学过程中，要创设工作情境，紧密结合本专业方向课程的要求，加强操作训练，使学生掌握外套缝制工艺的操作方法，提高学生的动手和创新能力。

（4）在教学过程中，要充分运用实物、图片、多媒体等教学手段来直观演示教学内容。

（5）在教学过程中，要及时关注女外套缝制工艺课程方面的新的发展趋势，为学生提供后续课程的发展空间，为努力培养学生的职业能力和创新精神打下良好的基础。

### 4.2 教学评价建议

（1）以学习目标为评价标准，采用阶段评价、目标评价、理论与实践一体化的评价模式。

（2）关注评价的多元化，结合课堂提问、学生作业、平时测验、实验实训、技能竞赛及考试情况，综合评定学生成绩。

（3）应注重对学生的动手能力和在实践中分析、解决问题能力的考核，对在女外套缝制工艺课程学习和应用上有创新的学生应给予特别鼓励，综合评价学生的能力。

### 4.3 教材编写建议

（1）依据本课程标准编写教材，且教材应充分体现任务引领、实践导向的课程设计思想。

（2）以"工作任务"为主线来设计教材，结合职业技能鉴定要求，以岗位需要为原则来确定教学内容，根据完成专业教学任务的需要来组织教材内容。

（3）教材应体现通用性、实用性、先进性，要反映本专业的新技术、新知识，教学活动的选择和设计要科学、具体、可操作。

（4）教材文字表述要精练、准确，内容呈现应做到图文并茂，力求易学、易懂。

### 4.4 资源开发利用建议

（1）注重实训室、课堂配套练习题和实训教材的开发与应用。

（2）注重多媒体教学资源库、多媒体教学课件和多媒体仿真软件等现代化教学资源的开发与利用，努力实现跨学校多媒体资源的共享，以提高课程资源的利用率。

（3）积极开发和利用网络课程资源，充分利用电子书籍、电子期刊、数字图书馆、教育网站和电子论坛等网络信息资源。

（4）充分利用学校的实训设施设备，将教学与实训合一，满足学生综合职业能力培养的需要。

# "男装结构综合设计"课程标准

**课程名称**：男装结构综合设计

**课程代码**：120305307

**学时**：34　**学分**：2　**理论学时**：17　**实训学时**：17　**考核方式**：随堂作业

**先修课程**：女装结构综合设计

**适用专业**：服装与服饰设计专业

**开课院系**：上海东海职业技术学院服装与服饰设计专业教研室

**教材**：《服装制图与样板制作（第4版）》（徐雅琴、马跃进编著，中国纺织出版社，2018年）

**主要参考书**：[1] 吕学海．服装结构制图．北京：中国纺织出版社，2003.

　　　　　　　[2] 蒋锡根．服装结构设计—服装母型裁剪法．上海：上海科学技术出版社，1994.

## 1 课程性质及设计思路

### 1.1 课程性质

"男装结构综合设计"是服装与服饰设计专业的一门专业核心必修课程。本课程体现理论与实践一体化的教学思想，突出以能力为本位、以应用为目的的职业教育特色。本课程系统地讲述了男装结构设计方法及基本原理，详细讲述了各品类男装结构设计步骤、各部位的款式变化及相应的结构变化规律。经过课堂辅导与训练，使学生能具有各品类男装结构设计的基本技能和解决实际问题的能力。

### 1.2 设计思路

本课程的总体设计思路是，坚持"做中学、做中教"，积极探索理论和实践相结合的教学模式，通过任务引领和衣身、衣领及衣袖结构图制作等项目活动，引导学生通过学习过程的体验，提高学习兴趣，激发学习动力，让学生了解男装结构设计方法、各品类男装的分类，掌握各品类男装的结构设计方法，具备能根据服装款式图转化为平面结构图的技能技巧，理解男装结构设计基本原理。在组织课堂教学时，应以立足于培养学生男装结构图的绘制能力，用各种方式激励学生学习。建议用项目教学法进行教学。

课程内容的选取，根据各品类男装结构设计的基本型进行款式变化，紧紧围绕各品类男装结构设计的要点，使学生学会根据男装结构设计的实际应用方法；同时充分考虑本专业高职生对相关理论知识的理解层次，融入相应的理论知识，为学生今后从事服装结构设计方面的工作打下重要的基础。

课程内容组成，以各品类男装结构设计的基本型进行款式变化为线索设计，包含了各品类男装概述、男衬衫结构设计、男夹克衫结构设计、男西装结构设计及男大衣结构设计、男装结构设计（款式自行设计）6个工作任务。

本课程建议为34课时。

## 2 课程目标

### 2.1 能力目标

通过本课程的学习，学生能够运用男装结构设计的基本原理进行各品类男装结构设计，掌握各品类男装结构设计的基本理论及技能。

## 2.2 知识目标

了解各品类男装的基本结构、构成要素、结构变化方法及步骤，以及各品类男装变化的联系、区别及变化特点。

## 2.3 素质目标

（1）具有热爱本职工作、爱岗敬业、乐于奉献的精神；

（2）具有进行各品类男装结构设计的基本能力；

（3）培养学生积极思考、勇于探索的精神；

（4）具有团结协作精神。

## 3 课程内容与要求

表 1 课程内容与要求

| 任务序号 | 教学任务 | 活动内容 | 活动要求 | 活动设计建议／实训技能要点 | 参考课时 |
|---|---|---|---|---|---|
| 任务一 | 各品类男装概述 | 1.各品类男装分类。<br>2.各品类男装变化特点。<br>3.各品类男装款式变化。 | 1.了解各品类男装分类。<br>2.理解各品类男装变化特点。<br>3.熟悉各品类男装款式变化。 | 1.通过图片和实物，让学生直观地了解具体的男装分类方法。<br>2.通过实例讲解各品类男装的变化特点。<br>3.通过图片演示，让学生了解各品类男装款式变化。 | 4 |
| 任务二 | 男衬衫结构设计 | 1.男衬衫的类别、基本结构及构成要素。<br>2.基本款男衬衫结构设计。<br>3.变化款男衬衫结构设计。 | 1.理解男衬衫的类别、基本结构及构成要素。<br>2.掌握基本款男衬衫结构图绘制的要点及技巧。<br>3.掌握变化款男衬衫结构图绘制的要点及技巧。 | 1.通过图片，教师引导学生观察男衬衫基本款与变化款的款式图。<br>2.老师利用PPT或视频讲解男衬衫的类别、基本结构及构成要素。<br>3.通过男衬衫实物让学生理解各部位的组合关系。<br>4.教师进行分步演示男衬衫基本款的绘制方法。<br>5.实训项目：<br>(1)绘制基本款男衬衫结构图。<br>(2)绘制变化款男衬衫结构图。 | 6 |
| 任务三 | 男夹克衫结构设计 | 1.夹克衫的类别、基本结构及构成要素。<br>2.基本款夹克衫结构设计。<br>3.变化款夹克衫结构设计。 | 1.理解夹克衫的类别、基本结构及构成要素。<br>2.掌握基本款夹克衫结构图绘制的要点及技巧。<br>3.掌握变化款夹克衫结构图绘制的要点及技巧。 | 1.通过图片，教师引导学生观察夹克衫基本款与变化款的款式。<br>2.老师通过PPT或视频讲解夹克衫的类别、基本结构及构成要素。<br>3.通过夹克衫实物让学生理解各部位的组合关系。<br>4.教师进行分步演示夹克衫基本款的绘制方法。<br>5.实训项目：<br>(1)绘制基本款夹克衫结构图。<br>(2)绘制变化款夹克衫结构图。 | 6 |

表1（续）

| 任务序号 | 教学任务 | 活动内容 | 活动要求 | 活动设计建议／实训技能要点 | 参考课时 |
|---|---|---|---|---|---|
| 任务四 | 男西装结构设计 | 1. 男西装的类别、基本结构及构成要素。<br>2. 基本款男西装结构设计。<br>3. 变化款男西装结构设计。 | 1. 理解男西装的类别、基本结构及构成要素。<br>2. 掌握基本款男西装结构图绘制的要点及技巧。<br>3. 掌握变化款男西装结构图绘制的要点及技巧。 | 1. 通过图片，教师引导学生观察男西装基本款与变化款的款式。<br>2. 老师通过PPT或视频讲解男西装的类别、基本结构及构成要素。<br>3. 通过女套装实物让学生理解各部位的组合关系。<br>4. 教师进行分步演示男西装基本款的绘制方法。<br>5. 实训项目：<br>(1) 绘制基本款男西装结构图。<br>(2) 绘制变化款男西装结构图。 | 6 |
| 任务五 | 男大衣结构设计 | 1. 男大衣的类别、基本结构及构成要素。<br>2. 基本款男大衣结构设计。<br>3. 变化款男大衣结构设计。 | 1. 理解男大衣的类别、基本结构及构成要素。<br>2. 掌握基本款男大衣结构图绘制的要点及技巧。<br>3. 掌握变化款男大衣结构图绘制的要点及技巧。 | 1. 通过图片，教师引导学生观察男大衣基本款与变化款的款式图。<br>2. 老师通过PPT或视频讲解男大衣的类别、基本结构及构成要素。<br>3. 通过男大衣实物让学生理解各部位的组合关系。<br>4. 教师进行分步演示男大衣基本款的绘制方法。<br>5. 实训项目：<br>(1) 绘制基本款班达一结构图。<br>(2) 绘制变化款男大衣结构图。 | 6 |
| 任务六 | 男装结构设计（款式自行设计） | 1. 绘制服装款式图。<br>2. 服装款式细节描述及缝制说明。<br>3. 服装款式的规格设计。<br>4. 服装结构图的绘制。 | 1. 自行设计一款男装（品类自选）。<br>2. 绘制款式图并标明款式细节规格及款式的缝制说明。<br>3. 针对上述款式图进行规格设计。<br>4. 针对上述款式图进行结构设计。 | 按要求制作一份完整的男装款式图及结构图并进行师生共同点评。 | 6 |

## 4 教学建议

在组织"男装结构综合设计"课程教学时，应立足于加强学生实际操作能力的培养，采用理论讲授法、项目教学法，结合学生分组训练、教师讲评等方式，提高学生的学习兴趣。

### 4.1 教学实施建议

（1）在教学过程中，应立足于加强学生实际操作能力的培养，采用任务引领、项目教学的方法，

提高学生的学习兴趣,激发学生的成就感。

(2)在教学过程中,有机结合教师示范和学生分组操作训练、学生提问和教师解答,通过"教"与"学"的师生互动,学生能熟悉掌握男装结构设计的应用技能,学会男装结构设计方法。

(3)在教学过程中,要创设工作情境,紧密结合本专业方向课程的要求,加强操作训练,使学生掌握男装结构设计的基本原理和构成方法,提高学生的动手和创新能力。

(4)在教学过程中,要充分运用实物、图片、多媒体等教学手段来直观演示教学内容。

(5)在教学过程中,要及时关注男装结构设计课程方面的新的发展趋势,为学生提供后续课程的发展空间,为努力培养学生的职业能力和创新精神打下良好的基础。

### 4.2 教学评价建议

(1)以学习目标为评价标准,采用阶段评价、目标评价、理论与实践一体化的评价模式。

(2)关注评价的多元化,结合课堂提问、学生作业、平时测验、实验实训、技能竞赛及考试情况,综合评定学生成绩。

(3)应注重对学生的动手能力和在实践中分析、解决问题能力的考核,对在男装结构设计课程学习和应用上有创新的学生应给予特别鼓励,综合评价学生的能力。

### 4.3 教材编写建议

(1)依据本课程标准编写教材,且教材应充分体现任务引领、实践导向的课程设计思想。

(2)以"工作任务"为主线来设计教材,结合职业技能鉴定要求,以岗位需要为原则来确定教学内容,根据完成专业教学任务的需要来组织教材内容。

(3)教材应体现通用性、实用性、先进性,要反映本专业的新技术、新知识,教学活动的选择和设计要科学、具体、可操作。

(4)教材文字表述要精练、准确,内容呈现应做到图文并茂,力求易学、易懂。

### 4.4 资源开发利用建议

(1)注重实训室、课堂配套练习题和实训教材的开发与应用。

(2)注重多媒体教学资源库、多媒体教学课件和多媒体仿真软件等现代化教学资源的开发与利用,努力实现跨学校多媒体资源的共享,以提高课程资源的利用率。

(3)积极开发和利用网络课程资源,充分利用电子书籍、电子期刊、数字图书馆、教育网站和电子论坛等网络信息资源。

(4)充分利用学校的实训设施设备,将教学与实训合一,满足学生综合职业能力培养的需要。

# "男外套缝制工艺" 课程标准

**课程名称：**男外套缝制工艺

**课程代码：**120305308

**学时：**68　**学分：**4　**理论学时：**34　**实训学时：**34　**考核方式：**随堂作业

**先修课程：**结构设计与工艺、女外套缝制工艺

**适用专业：**服装与服饰设计专业

**开课院系：**上海东海职业技术学院服装与服饰设计专业教研室

**教材：**《成衣纸样与服装缝制工艺（第2版）》（孙兆全编著，中国纺织出版社，2010年）

**主要参考书：**[1] 张繁荣. 服装工艺（第3版）. 北京：中国纺织出版社，2017.

　　　　　　　[2] 朱奕，肖平. 服装成衣制作工艺. 青岛：中国海洋大学出版社，2019.

## 1 课程性质及设计思路

### 1.1 课程性质

"男外套缝制工艺"是服装与服饰设计专业的一门专业核心必修课程。本课程体现理论与实践一体化的教学思想，突出以能力为本位、以应用为目的的职业教育特色。本课程系统地讲述了男外套缝制工艺的操作方法，详细讲述了男外套衣身、衣领及衣袖缝制工艺的操作步骤和缝制要点及技巧。经过课堂辅导与训练，使学生能具有男外套缝制工艺的基本技能和解决实际问题的能力。

### 1.2 设计思路

本课程的总体设计思路是，坚持"做中学、做中教"，积极探索理论和实践相结合的教学模式，通过任务引领和运用基础工艺进行成品制作等项目活动，引导学生通过学习过程的体验，提高学习兴趣，激发学习动力，让学生能了解男外套缝制工艺的操作方法，具备能运用所学的缝制工艺进行男外套制作的基本技能，完成男外套的缝制工艺。在组织课堂教学时，应以立足于培养学生的男外套缝制工艺的运用能力，用各种方式激励学生学习。建议用项目教学法进行教学。

课程内容的选取，根据男外套衣身、衣领及衣袖的缝制工艺，紧紧围绕男外套缝制工艺课程的重点，将所学的缝制工艺运用于实际成品（外套）；同时充分考虑本专业高职生对相关理论知识的理解层次，融入相应的理论知识，为学生今后从事服装工艺设计方面的工作打下重要的基础。

课程内容组成，以男外套缝制的顺序和工艺要求为线索设计，包含男外套排料与裁剪及粘衬、男外套衣身缝制工艺、男外套衣领缝制工艺、男外套衣袖缝制工艺、男外套衣里缝制工艺、男外套衣面与衣里组合缝制工艺、男外套后整理工艺7个工作任务。

本课程建议为68课时。

## 2 课程目标

### 2.1 能力目标

通过本课程的学习，学生能够运用男外套的缝制工艺，按男外套的缝制顺序和工艺要求，独立完成男外套的成品制作；掌握男外套缝制工艺的基本理论及技能。

### 2.2 知识目标

了解男外套的缝制工艺步骤和要求；掌握男外套衣身、衣领及衣袖缝制的基本方法。

### 2.3 素质目标

（1）具有热爱本职工作、爱岗敬业、乐于奉献的精神；

（2）具有进行男外套缝纫制作的基本能力；

（3）培养学生积极思考、勇于探索的精神；

（4）具有团结协作精神。

## 3 课程内容与要求

表 1 课程内容与要求

| 任务序号 | 教学任务 | 活动内容 | 活动要求 | 活动设计建议 / 实训技能要点 | 参考课时 |
|---|---|---|---|---|---|
| 任务一 | 男外套排料、裁剪及粘衬 | 1. 解读与体验工艺单。<br>2. 男外套的样板制作。<br>3. 男外套的排料。<br>4. 男外套的裁剪。<br>5. 男外套的粘衬。 | 1. 熟悉工艺单要求。<br>2. 男外套样板制作。<br>3. 熟悉面料性能。<br>4. 掌握熨烫面料的要点及技巧。<br>5. 掌握男外套排料的要点及技巧。<br>6. 掌握男外套粘衬的要点及技巧。<br>7. 能达到独立操作的能力，并符合质量要求。 | 1. 通过观察与交流，激发学生兴趣。<br>2. 通过教师讲解，让学生熟悉工艺单的要求。<br>3. 学习小组讨论外套 1：1 制图、样板制作及排料与裁剪要求，并绘图及操作。<br>4. 师生点评学生操作完成的内容。<br>5. 教师演示男外套中有代表性的内容并进行制作。<br>6. 学生操作并交流成果。 | 8 |
| 任务二 | 男外套衣身缝制工艺 | 1. 前片分割线缝制。<br>2. 前片口袋缝制。<br>3. 前片挂面缝制。<br>4. 后片中缝及分割线缝制。<br>5. 前后肩缝组合缝制。<br>6. 前后侧缝组合缝制。<br>7. 底边缝制。 | 1. 掌握前、后片分割线缝制要点及技巧。<br>2. 掌握前口袋缝制要点及技巧。<br>3. 掌握挂面缝制要点及技巧。<br>4. 掌握肩缝组合要点及技巧。<br>5. 掌握侧缝组合要点及技巧。<br>6. 掌握底边缝制要点及技巧。<br>7. 能达到独立操作的能力，并符合质量要求。 | 1. 教师演示讲解；学生操作。<br>2. 学生完成作品，并根据制作要求自评。<br>3. 师生互评作品。<br>4. 交流操作感受。<br>5. 教师进行个别指导并记录操作不良现象。<br>6. 教师点评学生的操作。<br>7. 学习小组合作讨论与总结作品的制作要点。 | 16 |
| 任务三 | 男外套衣领缝制工艺 | 1. 衣领面、里配置。<br>2. 衣领面、里组合缝制。<br>3. 衣领装配组合缝制。<br>4. 衣领熨烫工艺。 | 1. 掌握衣领面、里配置要点及技巧。<br>2. 掌握衣领面、里组合缝制要点及技巧。<br>3. 掌握衣领装配组合要点及技巧。<br>4. 掌握衣领熨烫工艺要点及技巧。<br>5. 能达到独立操作的能力，并符合质量要求． | 1. 教师演示讲解；学生操作。<br>2. 学生完成作品，并根据制作要求自评。<br>3. 师生互评作品。<br>4. 交流操作感受。<br>5. 教师进行个别指导并记录操作不良现象。<br>6. 教师点评学生的操作。<br>7. 学习小组合作讨论与总结作品的制作要点。 | 8 |

表 1（续）

| 任务序号 | 教学任务 | 活动内容 | 活动要求 | 活动设计建议 /实训技能要点 | 参考课时 |
|---|---|---|---|---|---|
| 任务四 | 男外套衣袖缝制工艺 | 1.袖片侧缝组合缝制。<br>2.袖山吃势缝制。<br>3.衣袖装配组合缝制。<br>4.衣袖熨烫工艺。 | 1.掌握袖侧缝组合缝制要点及技巧。<br>2.掌握袖山吃势缝制要点及技巧。<br>3.掌握衣袖装配组合缝制要点及技巧。<br>4.掌握衣袖熨烫工艺要点及技巧。<br>6.能达到独立操作的能力，并符合质量要求 | 1.教师演示讲解；学生操作。<br>2.学生完成作品，并根据制作要求自评。<br>3.师生互评作品。<br>4.交流操作感受。<br>5.教师进行个别指导并记录操作不良现象。<br>6.教师点评学生的操作。<br>7.学习小组合作讨论与总结作品的制作要点。 | 16 |
| 任务五 | 男外套衣里缝制工艺 | 1.衣里衣身缝制。<br>2.衣里衣身缝份折烫。<br>3.衣里衣袖缝制。<br>4.衣里衣袖缝份折烫。<br>5.衣里整体熨烫工艺。 | 1.掌握衣里衣身缝制要点及技巧。<br>2.掌握衣里衣身缝份折烫要点及技巧。<br>3.掌握衣里衣袖缝制要点及技巧。<br>4.掌握衣里衣袖缝份折烫要点及技巧。<br>5.掌握衣里整体熨烫工艺要点及技巧。 | 1.教师演示讲解；学生操作。<br>2.学生完成作品，并根据制作要求自评。<br>3.师生互评作品。<br>4.交流操作感受。<br>5.教师进行个别指导并记录操作不良现象。<br>6.教师点评学生的操作。<br>7.学习小组合作讨论与总结作品的制作要点。 | 8 |
| 任务六 | 男外套衣面里组合缝制工艺 | 1.衣面、里挂面组合缝制。<br>2.衣面、里衣领组合缝制。<br>3.衣面、里衣袖组合缝制。<br>4.衣面、里内缝固定缝制。 | 1.掌握衣面、里挂面组合缝制要点及技巧。<br>2.掌握衣面、里衣领组合缝制要点及技巧。<br>3.掌握衣面、里衣袖组合缝制要点及技巧。<br>4.掌握衣面、里内缝固定缝制要点及技巧。 | 1.教师演示讲解；学生操作。<br>2.学生完成作品，并根据制作要求自评。<br>3.师生互评作品。<br>4.交流操作感受。<br>5.教师进行个别指导并记录操作不良现象。<br>6.教师点评学生的操作。<br>7.学习小组合作讨论与总结作品的制作要点。 | 8 |
| 任务七 | 男外套后整理工艺 | 1.锁眼、钉扣。<br>2.修剪线头。<br>3.外套整体熨烫。 | 1.掌握锁眼钉扣的要点及技巧。<br>2.线头务必修剪干净。<br>3.掌握外套整体熨烫工艺的要点及技巧。 | 1.教师演示讲解；学生操作。<br>2.学生完成作品，并根据制作要求自评。<br>3.师生互评作品。<br>4.交流操作感受。<br>5.教师进行个别指导并记录操作不良现象。<br>6.教师点评学生的操作。<br>7.学习小组合作讨论与总结作品的制作要点。 | 4 |

## 4 教学建议

在组织"男外套缝制工艺"课程教学时，应立足于加强学生实际操作能力的培养，采用理论讲授法、项目教学法，结合学生分组训练、教师讲评等方式，提高学生的学习兴趣。

### 4.1 教学实施建议

（1）在教学过程中，应立足于加强学生实际操作能力的培养，采用任务引领、项目教学的方法，提高学生的学习兴趣，激发学生的成就感。

（2）在教学过程中，有机结合教师示范和学生分组操作训练、学生提问和教师解答，通过"教"与"学"的师生互动，学生能熟悉掌握男外套缝制的顺序和技术要领，学会男外套缝制工艺的基本技能。

（3）在教学过程中，要创设工作情境，紧密结合本专业方向课程的要求，加强操作训练，使学生掌握男外套缝制工艺的操作方法，提高学生的动手和创新能力。

（4）在教学过程中，要充分运用实物、图片、多媒体等教学手段来直观演示教学内容。

（5）在教学过程中，要及时关注男外套缝制工艺课程方面的新的发展趋势，为学生提供后续课程的发展空间，为努力培养学生的职业能力和创新精神打下良好的基础。

### 4.2 教学评价建议

（1）以学习目标为评价标准，采用阶段评价、目标评价、理论与实践一体化的评价模式。

（2）关注评价的多元化，结合课堂提问、学生作业、平时测验、实验实训、技能竞赛及考试情况，综合评定学生成绩。

（3）应注重对学生的动手能力和在实践中分析、解决问题能力的考核，对在男外套缝制工艺课程学习和应用上有创新的学生应给予特别鼓励，综合评价学生的能力。

### 4.3 教材编写建议

（1）依据本课程标准编写教材，且教材应充分体现任务引领、实践导向的课程设计思想。

（2）以"工作任务"为主线来设计教材，结合职业技能鉴定要求，以岗位需要为原则来确定教学内容，根据完成专业教学任务的需要来组织教材内容。

（3）教材应体现通用性、实用性、先进性，要反映本专业的新技术、新知识，教学活动的选择和设计要科学、具体、可操作。

（4）教材文字表述要精练、准确，内容呈现应做到图文并茂，力求易学、易懂。

### 4.4 资源开发利用建议

（1）注重实训室、课堂配套练习题和实训教材的开发与应用。

（2）注重多媒体教学资源库、多媒体教学课件和多媒体仿真软件等现代化教学资源的开发与利用，努力实现跨学校多媒体资源的共享，以提高课程资源的利用率。

（3）积极开发和利用网络课程资源，充分利用电子书籍、电子期刊、数字图书馆、教育网站和电子论坛等网络信息资源。

（4）充分利用学校的实训设施设备，将教学与实训合一，满足学生综合职业能力培养的需要。

# "立体造型设计（2）"课程标准

**课程名称**：立体造型设计（2）

**课程代码**：120305309

**学时**：51    **学分**：3    **理论学时**：25    **实训学时**：26    **考核方式**：随堂作业

**先修课程**：服装与服饰设计、结构设计与工艺、服装立体造型设计（1）

**适用专业**：服装与服饰设计专业

**开课院系**：上海东海职业技术学院服装与服饰设计专业教研室

**教材**：《服装立体裁剪技术》（戴建国编著，中国纺织出版社，2012 年）

**主要参考书**：[1] 刘咏梅 . 服装立体裁剪基础篇 . 上海：东华大学出版社，2014.

[2] 张文斌 . 服装立体裁剪 . 北京：中国纺织出版社，2012.

[3] 日本文化服装学院编 . 张祖芳，等译 . 立体裁剪基础篇 . 上海：东华大学出版社，2005.

[4] 张祖芳，等 . 服装立体裁剪 . 青岛：中国海洋大学出版社，2018.

## 1 课程性质及设计思路

### 1.1 课程性质

"立体造型设计（2）"是服装与服饰设计专业的一门专业核心必修课程。本课程采用以理论与实践教学相结合为主的教学方法，通过教师的教学讲解与案例演示以及学生的自主思考与亲自实践，使学生系统掌握立体造型设计的原理及方法，掌握各类不同造型款式的立体造型设计方法，注重专业知识和专业技能的应用能力、平面结构和立体造型的转化能力，提高造型设计的综合能力及款式设计的创新能力。

### 1.2 设计思路

本课程的总体设计思路是，在课堂教学中向学生讲授立体造型设计的基本知识，同时通过技能培养并重的方法（例如案例实训、教师示范、学生实践），培养学生能使用立体造型设计的表现方法进行服装立体造型设计创意。结合服装图案与服装设计的相关原理，安排课程内容循序渐进、由简到难，将理论与实践技能相结合，使学生能用所学立体造型设计知识进行裙装、上衣、礼服等作品制作，以直观形象表达出来。

课程内容的选取，根据立体造型设计的特点进行归纳与分析，紧紧围绕立体造型设计的造型要求与方法；同时，充分考虑本专业高职生对相关理论知识的理解层次，融入相应的理论知识。

课程内容组成，以立体造型设计中的裙装及女装变化款式为线索设计，包含半裙立体造型设计、省道转移立体造型设计、抽褶立体造型设计以及女装变化款式立体造型设计应用一、应用二、应用三、综合应用创作 7 个工作任务。

本课程建议为 51 课时。

## 2 课程目标

### 2.1 能力目标

通过本课程的学习，学生能够掌握裙装、上衣、礼服立体裁剪的操作要领，充分掌握立体裁剪的基本技能。

## 2.2 知识目标

了解立体造型设计的基本知识；熟悉立体造型设计构成的操作步骤；了解立体造型设计与人体结构、面料特性及款式的关系，并以多样性的手法表现立体造型塑造的具体过程。

## 2.3 素质目标

（1）具有热爱本职工作、爱岗敬业、乐于奉献的精神；

（2）具有进行立体裁剪的基本能力；

（3）形成对立体造型设计作品检查与评价、解决问题的分析判断能力；

（4）具有团结协作精神。

## 3 课程内容与要求

表 1 课程内容与要求

| 任务序号 | 教学任务 | 活动内容 | 活动要求 | 活动设计建议 / 实训技能要点 | 参考课时 |
|---|---|---|---|---|---|
| 任务一 | 半裙立体造型设计 | 1.A 形裙的立体造型。<br>2. 波浪裙的立体造型。<br>3. 抽褶裙的立体造型。<br>4. 垂褶裙的立体造型。 | 1. 学会变化款半裙立体造型的流程、规范操作手法。<br>2. 理解立体造型的要求。<br>3. 理解 A 形裙、波浪裙、抽褶裙、垂褶裙的构成原理与立体造型方法，并融会贯通。 | 1. 教师通过视频或 PPT 课件演示讲解；学生操作。<br>2. 学生完成作品，并根据制作要求自评。<br>3. 师生互评作品。<br>4. 交流操作感受。<br>5. 教师进行个别指导并记录操作不良现象。<br>6. 教师点评学生的操作。<br>7. 学习小组合作讨论与总结作品的制作要点。 | 6 |
| 任务二 | 省道转移立体造型设计 | 1. 省道转移：单个集中省道（对称型）的变化。<br>2. 省道转移：单个集中省道（不对称型）的变化。<br>3. 省道转移：多个分散省道的变化。 | 1. 了解女子腰围线以上躯干部位的形体特征。<br>2. 认识省道的属性及分类。<br>3. 理解省道转移的方法。<br>4. 掌握单个对称及不对称集中省道转移的立体造型原理及构成技法。<br>5. 理解省道的性质及分类，掌握多个分散省道转移的立体造型原理及构成技法。 | 1. 教师通过视频或 PPT 课件演示讲解；学生操作。<br>2. 学生完成作品，并根据制作要求自评。<br>3. 师生互评作品。<br>4. 交流操作感受。<br>5. 教师进行个别指导并记录操作不良现象。<br>6. 教师点评学生的操作。<br>7. 学习小组合作讨论与总结作品的制作要点。 | 5 |

表 1（续）

| 任务序号 | 教学任务 | 活动内容 | 活动要求 | 活动设计建议 /实训技能要点 | 参考课时 |
|---|---|---|---|---|---|
| 任务三 | 抽褶立体造型设计 | 1. 抽褶变化：连续性抽褶。<br>2. 抽褶变化：非连续性抽褶。 | 1. 认识抽褶的属性及分类<br>2. 理解抽褶的方法。<br>3. 掌握连续性抽褶的立体造型原理及构成技法。<br>4. 掌握非连续性抽褶的立体造型原理及构成技法。 | 1. 教师通过视频或 PPT 课件演示讲解；学生操作。<br>2. 学生完成作品，并根据制作要求自评。<br>3. 师生互评作品。<br>4. 交流操作感受。<br>5. 教师进行个别指导并记录操作不良现象。<br>6. 教师点评学生的操作。<br>7. 学习小组合作讨论与总结作品的制作要点。 | 8 |
| 任务四 | 女装变化款式立体造型设计应用一 | 1. 露背晚礼服的立体造型款式设计。<br>2. 根据款式贴造型标志线。<br>3. 合理计算布料，取料，归正布面丝缕。<br>4. 前衣裙片立裁造型。<br>5. 后衣裙片立裁造型。<br>6. 其余部件立裁造型。<br>7. 根据造型线描点。<br>8. 布样整理与制作。 | 1. 掌握晚礼服的款式要点及立体造型要点。<br>2. 掌握综合应用专业知识的能力。<br>3. 了解坯布取料的要求。<br>4. 学会正确画出布纹线。<br>5. 完成露背晚礼服立裁布样。<br>6. 根据结构线描点取布样。<br>7. 学会衣裙片布样整理制作。<br>8. 展示衣裙片立裁作品。 | 1. 教师采用视频或 PPT 课件演示讲解；学生进行操作。<br>2. 学生完成作品，并根据制作要求自评。<br>3. 师生互评作品。<br>4. 交流操作感受。<br>5. 教师进行个别指导并记录操作不良现象。<br>6. 教师点评学生的操作。<br>7. 学习小组合作讨论与总结作品的制作要点。 | 8 |
| 任务五 | 女装变化款式立体造型设计应用二 | 1. 婚纱礼服的立体造型款式设计。<br>2. 根据款式贴造型标志线。<br>3. 合理计算布料，取料、归正布面丝缕。<br>4. 前衣裙片立裁造型。<br>5. 后衣裙片立裁造型。<br>6. 其余部件立裁造型。<br>7. 根据造型线描点。<br>8. 布样整理制作。 | 1. 掌握婚纱礼服的款式要点及立体造型要点。<br>2. 掌握综合应用专业知识的能力。<br>3. 了解坯布取料的要求。<br>4. 学会正确画出布纹线。<br>5. 完成婚纱礼服立裁布样。<br>6. 根据结构线描点，取布样。<br>7. 学会衣裙片布样整理制作。<br>8. 展示衣裙片立裁作品。 | 1. 教师通过视频或 PPT 课件演示讲解，学生操作。<br>2. 学生完成作品，并根据制作要求自评。<br>3. 师生互评作品。<br>4. 交流操作感受。<br>5. 教师进行个别指导并记录操作不良现象。<br>6. 教师点评学生的操作。<br>7. 学习小组合作讨论与总结作品的制作要点。 | 8 |

表1（续）

| 任务序号 | 教学任务 | 活动内容 | 活动要求 | 活动设计建议 /实训技能要点 | 参考课时 |
|---|---|---|---|---|---|
| 任务六 | 女装变化款式立体造型设计应用三 | 1.特殊造型的立体造型构成要求。2.特殊造型的立体造型构成的款式介绍。3.特殊造型立体造型构成技巧。4.堆缀、编织等手法及要点。 | 1.理解特殊造型的立体造型构成要求。2.了解特殊造型的立体造型构成的款式介绍。3.掌握特殊造型立体造型构成技巧。4.掌握特殊造型款式中的堆缀、编织等手法及要点。5.掌握综合运用专业知识的能力，解决一些疑难款式。 | 1.教师通过视频或PPT课件演示讲解，学生操作。2.学生完成作品，并根据制作要求自评。3.师生互评作品。4.交流操作感受。5.教师进行个别指导并记录操作不良现象。6.教师点评学生的操作。7.学习小组合作讨论与总结作品的制作要点。 | 8 |
| 任务七 | 女装变化款式立体造型设计综合应用创作 | 1.利用本课程所学的立体造型技法进行综合应用创作。2.利用立体造型设计的原理和方法完成自行设计的款式造型。 | 1.操作过程规范。2.坯布整理规范。3.大头针法规范。4.坯布样规范。 | 1.教师通过视频或PPT课件演示讲解，学生操作。2.学生完成作品，并根据制作要求自评。3.师生互评作品。4.交流操作感受。5.教师进行个别指导并记录操作不良现象。6.教师点评学生的操作。7.学习小组合作讨论与总结作品的制作要点。 | 8 |

## 4 教学建议

在组织"立体造型设计（2）"课程教学时，应以立足于培养学生的岗位职业能力，结合立体造型设计的要求，做出适合实际需求的可行性设计。

### 4.1 教学实施建议

（1）在教学过程中，应立足于加强学生实际操作能力的培养，采用任务引领、项目教学的方法，提高学生的学习兴趣，激发学生的成就感。

（2）在教学过程中，有机结合教师示范和学生分组操作训练、学生提问和教师解答，通过"教"与"学"的师生互动，学生能熟悉掌握立体造型设计塑造的基本技能，学会立体造型设计的表现方法。

（3）在教学过程中，要创设工作情境，紧密结合本专业方向课程的要求，加强操作训练，使学生掌握立体造型设计的要求，提高学生的动手和创新能力。

（4）在教学过程中，要充分运用实物、图片、多媒体等教学手段来直观演示教学内容。

（5）在教学过程中，要及时关注立体造型设计课程方面的新的发展趋势，为学生提供后续课程的发展空间，为努力培养学生的职业能力和创新精神打下良好的基础。

### 4.2 教学评价建议

（1）以学习目标为评价标准，采用阶段评价、目标评价、理论与实践一体化的评价模式。

（2）关注评价的多元化，结合课堂提问、学生作业、平时测验、实验实训、技能竞赛及考试情况，综合评定学生成绩。

（3）应注重对学生的动手能力和在实践中分析、解决问题能力的考核，对在立体造型设计课程学习和应用上有创新的学生应给予特别鼓励，综合评价学生的能力。

### 4.3 教材编写建议

（1）依据本课程标准编写教材，且教材应充分体现任务引领、实践导向的课程设计思想。

（2）以"工作任务"为主线来设计教材，结合职业技能鉴定要求，以岗位需要为原则来确定教学内容，根据完成专业教学任务的需要来组织教材内容。

（3）教材应体现通用性、实用性、先进性，要反映本专业的新技术、新知识，教学活动的选择和设计要科学、具体、可操作。

（4）教材文字表述要精练、准确，内容呈现应做到图文并茂，力求易学、易懂。

### 4.4 资源开发利用建议

（1）注重实训室、课堂配套练习题和实训教材的开发与应用。

（2）注重多媒体教学资源库、多媒体教学课件和多媒体仿真软件等现代化教学资源的开发与利用，努力实现跨学校多媒体资源的共享，以提高课程资源的利用率。

（3）积极开发和利用网络课程资源，充分利用电子书籍、电子期刊、数字图书馆、教育网站和电子论坛等网络信息资源。

（4）充分利用学校的实训设施设备，将教学与实训合一，满足学生综合职业能力培养的需要。

# "服装面料创意设计"课程标准

**课程名称：**服装面料创意设计

**课程代码：**120301343

**学时：**34　**学分：**2　**理论学时：**17　**实训学时：**17　**考核方式：**随堂作业

**先修课程：**服装材料基础

**适用专业：**服装与服饰设计专业

**开课院系：**上海东海职业技术学院服装与服饰设计专业教研室

**教材：**《服装创意面料设计》（杨颐编著，东华大学出版社，2015 年）

**主要参考书：**　[1] 濮微 . 服装面料与辅料 . 北京：中国纺织出版社，2015.

　　　　　　　　[2] 许淑燕 . 服装材料与应用 . 上海：东华大学出版社，2013.

　　　　　　　　[3] 徐蓉蓉 . 服装面料创意设计 . 北京：化学工业出版社 ，2014.

## 1　课程性质及设计思路

### 1.1 课程性质

　　"服装面料创意设计"是服装与服饰设计专业的一门专业技能必修课程。本课程针对专业方向的需要，在服装面料创意设计的范围内，寻求创新的思维设计观念和多角度探讨面料创意设计的表达方式，从而达到面料设计创意的目的。通过课堂辅导和训练，培养学生对面料创意设计的想象力和创造力，并将面料设计的创意要素融入服装设计中。

### 1.2 设计思路

　　本课程的总体设计思路是，坚持"做中学、做中教"，积极探索理论和实践相结合的教学模式，通过任务引领和面料创意设计原则等项目活动，引导学生通过学习过程的体验，提高学习兴趣，激发学习动力，使学生了解面料创意设计的类型和方法，掌握面料创意设计原则，具备能根据设计原则进行面料创意设计的基本能力，理解服装面料创意设计对服装造型及风格的影响。在组织课堂教学时，应以立足于培养学生的创作能力，用各种方式激励学生学习。建议用项目教学法进行教学。

　　课程内容的选取，根据不同风格的服装面料创意设计方法进行归纳与分析，紧紧围绕服装面料设计的创意性，让学生学会根据服装的设计风格来选择服装材料，并进行组合与搭配；同时充分考虑本专业高职生对相关理论知识的理解层次，融入相应的理论知识，掌握服装材料艺术设计的技法，为学生今后从事服装与服饰设计方面的工作打下重要的基础。

　　课程内容组成，以服装面料的创意设计为线索设计，包含面料创意设计概述、面料创意设计的类型与方法、面料创意设计作品创作 3 个工作任务。

　　本课程建议为 34 课时。

## 2　课程目标

### 2.1 能力目标

　　通过本课程的学习，学生能在探究与对比的过程中掌握服装面料的创意性设计方法，激发学生对服装面料创意设计的兴趣，培养学生的创造性思维，提供学生的审美能力。

## 2.2 知识目标

了解服装服装面料创意设计的常识、分类知识，理解服装面料创意设计应用的原则。

## 2.3 素质目标

（1）具有热爱本职工作、爱岗敬业、乐于奉献的精神；

（2）具有进行服装面料创意设计的基本能力；

（3）培养学生积极思考、勇于探索的精神；

（4）具有团结协作精神。

## 3 课程内容与要求

**表 1 课程内容与要求**

| 任务序号 | 教学任务 | 活动内容 | 活动要求 | 活动设计建议 / 实训技能要点 | 参考课时 |
|---|---|---|---|---|---|
| 任务一 | 面料创意设计概述 | 1.服装面料创意设计原则。<br>2.服装面料创意设计的作用。<br>3.服装面料创意设计的应用。<br>4.服装面料创意设计的发展趋势和方向。 | 1.理解功能性原则。<br>2.理解艺术性原则。<br>3.理解协调性原则。<br>4.理解设计风格美化的作用。<br>5.理解立体模型的转变的作用。<br>6.学会加减法的应用。<br>7.学会立体化设计的应用。<br>8.学会编锈、印刷化设计的应用。 | 1.通过多媒体课件，教师进行服装面料创意设计概述的讲授。<br>2.进行服装面料创意设计优秀作品展示。<br>3.学生进行资料收集。<br>4.学生分组进行服装面料市场的调研，写出调研报告。 | 8 |
| 任务二 | 面料创意设计的类型与方法 | 1.服装面料创意设计的类型。<br>2.服装面料创意设计的方法。<br>3.服装面料创意设计实例训练。 | 1.了解服装面料创意的类型。<br>2.学会服装面料创意设计的方法。<br>3.学会面料改造制作方法。<br>4.学会面料的二次设计方法。 | 1.通过多媒体课件，教师进行服装面料创意设计类型及方法的讲授。<br>2.学生选择旧衣进行面料改造实训。<br>3.学生选择一种方法进行面料二次设计。 | 16 |
| 任务三 | 面料创意设计作品创作 | 1.作品成品欣赏。<br>2.作品自由设计。<br>3.设计作品制作。<br>4.设计成品展示。 | 1.鉴赏作品成品。<br>2.掌握设计方法。<br>3.掌握制作方法。<br>4.介绍自己的作品。 | 1.自行设计与制作面料创意设计作品。<br>2.教师归纳与点评。 | 10 |

## 4 教学建议

在组织"服装面料创意设计"课程教学时，应立足于加强学生实际操作能力的培养，采用理论讲授法、项目教学法，结合学生分组训练、服装材料市场调研、企业参观交流、教师讲评等方法提高学生的学习兴趣。

### 4.1 教学实施建议

（1）在教学过程中，应立足于加强学生实际操作能力的培养，采用任务引领、项目教学的方法，提高学生的学习兴趣，激发学生的成就感。

（2）在教学过程中，有机结合教师示范和学生分组操作训练、学生提问和教师解答，通过"教"与"学"的师生互动，学生能熟悉掌握服装面料创意设计的应用技能，学会服装面料创意设计方法。

（3）在教学过程中，要创设工作情境，紧密结合本专业方向课程的要求，加强操作训练，使学生掌握根据所学的相关知识进行服装面料创意的创作，提高学生的动手和创新能力。

（4）在教学过程中，要充分运用实物、图片、多媒体等教学手段来直观演示教学内容。

（5）在教学过程中，要及时关注服装面料创意设计课程方面的新的发展趋势，为学生提供后续课程的发展空间，为努力培养学生的职业能力和创新精神打下良好的基础。

## 4.2 教学评价建议

（1）以学习目标为评价标准，采用阶段评价、目标评价、理论与实践一体化的评价模式。

（2）关注评价的多元化，结合课堂提问、学生作业、平时测验、实验实训、技能竞赛及考试情况，综合评定学生成绩。

（3）应注重对学生的动手能力和在实践中分析、解决问题能力的考核，对在服装面料创意设计课程学习和应用上有创新的学生应给予特别鼓励，综合评价学生的能力。

## 4.3 教材编写建议

（1）依据本课程标准编写教材，且教材应充分体现任务引领、实践导向的课程设计思想。

（2）以"工作任务"为主线来设计教材，结合职业技能鉴定要求，以岗位需要为原则来确定教学内容，根据完成专业教学任务的需要来组织教材内容。

（3）教材应体现通用性、实用性、先进性，要反映本专业的新技术、新知识，教学活动的选择和设计要科学、具体、可操作。

（4）教材文字表述要精练、准确，内容呈现应做到图文并茂，力求易学、易懂。

## 4.4 资源开发利用建议

（1）注重实训室、课堂配套练习题和实训教材的开发与应用。

（2）注重多媒体教学资源库、多媒体教学课件和多媒体仿真软件等现代化教学资源的开发与利用，努力实现跨学校多媒体资源的共享，以提高课程资源的利用率。

（3）积极开发和利用网络课程资源，充分利用电子书籍、电子期刊、数字图书馆、教育网站和电子论坛等网络信息资源。

（4）充分利用学校的实训设施设备，将教学与实训合一，满足学生综合职业能力培养的需要。

# "服饰陈列设计" 课程标准

**课程名称：** 服饰陈列设计

**课程代码：** 120305481

**学时：** 34　**学分：** 2　**理论学时：** 12　**实训学时：** 22　**考核方式：** 随堂作业

**先修课程：** 素描、色彩、速写、构成原理、服装画技法、服装款式设计

**适用专业：** 服装与服饰设计专业

**开课院系：** 上海东海职业技术学院服装与服饰设计专业教研室

**教材：** 《服装陈列设计师教程》（穆芸编著，中国纺织出版社，2014 年）

**主要参考书：** [1] 金穗．服饰品陈列设计．北京：中国纺织出版社，2014.

[2] 唐海．服装陈列及实例解析．北京：化学工业出版社，2014.

[3] 众为国际．服装服饰专卖店陈列设计．北京：机械工业出版社，2013.

## 1 课程性质及设计思路

### 1.1 课程性质

"服饰陈列设计"是服装与服饰设计专业的一门专业能力必修课程。本课程针对专业方向的需要，对产品、橱窗、货架、道具、模特、音乐、POP 海报等一系列卖场元素进行有组织的规划设计，从而达到促进产品销售、提升品牌形象的视觉营销课程。着重学习服装终端销售的店面陈列、橱窗设计。通过对一些优秀服装陈列案例的介绍，提高学生审美鉴赏能力，使学生具备基本的陈列展示能力。

### 1.2 设计思路

本课程的总体设计思路是，在课堂教学中先向学生讲授服装陈列设计的基本知识，同时通过技能培养并重的方法（例如案例实训、教师示范、学生实践），培养学生能使用服装陈列设计的表现方法进行服装陈列设计创意。结合服装图案与服装设计的相关原理，安排课程内容循序渐进、由简到难，将理论与实践技能相结合，使学生能用所学陈列设计知识进行店内及橱窗陈列设计等，以直观形象表达出来。

课程内容的选取，根据服装店铺陈列的空间特点进行归纳与分析，紧紧围绕陈列展示的实用性；同时充分考虑本专业高职生对相关理论知识的理解层次，融入相应的理论知识。

课程内容组成，以一个服装店铺陈列需求为线索设计，包含服饰陈列设计基础知识、店铺陈列、橱窗陈列 3 个工作任务。

本课程建议为 34 课时。

## 2 课程目标

### 2.1 能力目标

通过本课程的学习，学生能够具有陈列展示设计的能力、视觉营销的能力，充分掌握服饰陈列设计的基本技能。

### 2.2 知识目标

了解服饰陈列的规划及原则的基本知识；熟悉服饰陈列设计的各种元素及服饰陈列的形态构成；

了解橱窗设计构成的各类形式，并以多样性的手法表现服饰陈列设计的具体过程。

### 2.3 素质目标

（1）具有热爱本职工作、爱岗敬业、乐于奉献的精神；

（2）具有进行服饰陈列设计的基本能力；

（3）形成对服饰陈列设计作品检查与评价、解决问题的分析判断能力；

（4）具有团结协作精神。

## 3 课程内容与要求

表1 课程内容与要求

| 任务序号 | 教学任务 | 活动内容 | 活动要求 | 活动设计建议/实训技能要点 | 参考课时 |
|---|---|---|---|---|---|
| 任务一 | 服饰陈列设计基础知识 | 1.服装陈列概念。<br>2.服装陈列实操。<br>3.服装陈列色彩组合。 | 1.理解服饰陈列的概念。<br>(1)服饰陈列的作用。<br>(2)陈列与顾客心理。<br>(3)陈列人员应具备的素质。<br>2.进行服饰陈列实操。<br>(1)折叠衣裤方法及要求。<br>(2)人体模特组合和穿衣方法。<br>(3)认识各类陈列道具。<br>3.掌握服饰陈列色彩组合。<br>(1)陈列色彩的基础知识。<br>(2)陈列色彩搭配。<br>(3)陈列色彩组合技巧。 | 1.通过多媒体课件展示陈列设计作品。<br>2.进行素材分组展示。<br>3.师生讨论与评价。<br>4.通过多媒体课件展示服装折叠方式。<br>5.进行分小组实训练习。<br>6.通过多媒体课件展示优秀案例。<br>7.进行相应陈列方案的配色练习或填色练习。 | 8 |
| 任务二 | 店内陈列 | 1.服装陈列形态构成。<br>2.人模展示陈列。<br>3.服装陈列组合构成形式。 | 1.了解陈列的形态构成。<br>(1)叠装陈列。<br>(2)挂放陈列。<br>2.掌握人模展示陈列。<br>(1)人模的陈列规范。<br>(2)人模色彩陈列的方法。<br>3.理解陈列组合构成形式。<br>(1)对称法。<br>(2)均衡法。<br>(3)重复法。<br>(4)三角形构成。 | 1.在服装陈列实验室中以小组合作形式，分组体验。<br>2.师生共同评价与分析。<br>3.收集不同风格的陈列设计方案，分组展示。<br>4.进行市场调研，观察与感受店面的外观设计。<br>5.分组讨论、归纳、总结。<br>6.进行小组合作，运用所提供的人模、服装、道具，进行店内组合构成形式的造型与设计比赛。<br>7.小组互评、教师点评。 | 14 |
| 任务三 | 橱窗陈列 | 1.橱窗的构造形式与选样原则。<br>2.橱窗陈列的构思技巧。 | 1.了解橱窗的构造形式：封闭式、半封闭式、敞开式。<br>2.掌握橱窗的选样原则。<br>3.模拟生活场景。<br>4.设计一个有趣的故事。<br>5.营造某个节日气氛。<br>6.制造打折气氛，吸引消费者。 | 1.通过多媒体课件展示常见橱窗种类。<br>2.教师设计相应选样方案的训练。<br>3.收集不同风格的橱窗陈列设计方案，然后分组展示。<br>4.进行市场调研，并观察与感受店面的外观设计。<br>5.分组讨论、归纳、总结。<br>6.学生自行拟定主题，制作一个橱窗模型。 | 12 |

## 4　教学建议

在组织"服饰陈列设计"课程教学时，应以立足于培养学生的岗位职业能力，结合服饰陈列设计的要求，作出适合实际需求的可行性设计。

### 4.1 教学实施建议

（1）在教学过程中，应立足于加强学生实际操作能力的培养，采用任务引领、项目教学的方法，提高学生的学习兴趣，激发学生的成就感。

（2）在教学过程中，有机结合教师示范和学生分组操作训练、学生提问和教师解答，通过"教"与"学"的师生互动，学生能熟悉掌握服饰陈列设计的基本技能，学会服饰陈列设计的表现方法。

（3）在教学过程中，要创设工作情境，紧密结合本专业方向课程的要求，加强操作训练，使学生掌握服饰陈列设计的要求，提高学生的动手和创新能力。

（4）在教学过程中，要充分运用实物、图片、多媒体等教学手段来直观演示教学内容。

（5）在教学过程中，要及时关注服饰陈列设计课程方面的新的发展趋势，为学生提供后续课程的发展空间，为努力培养学生的职业能力和创新精神打下良好的基础。

### 4.2 教学评价建议

（1）以学习目标为评价标准，采用阶段评价、目标评价、理论与实践一体化的评价模式。

（2）关注评价的多元化，结合课堂提问、学生作业、平时测验、实验实训、技能竞赛及考试情况，综合评定学生成绩。

（3）应注重对学生的动手能力和在实践中分析、解决问题能力的考核，对在服饰陈列设计课程学习和应用上有创新的学生应给予特别鼓励，综合评价学生的能力。

### 4.3 教材编写建议

（1）依据本课程标准编写教材，且教材应充分体现任务引领、实践导向的课程设计思想。

（2）以"工作任务"为主线来设计教材，结合职业技能鉴定要求，以岗位需要为原则来确定教学内容，根据完成专业教学任务的需要来组织教材内容。

（3）教材应体现通用性、实用性、先进性，要反映本专业的新技术、新知识，教学活动的选择和设计要科学、具体、可操作。

（4）教材文字表述要精练、准确，内容呈现应做到图文并茂，力求易学、易懂。

### 4.4 资源开发利用建议

（1）注重实训室、课堂配套练习题和实训教材的开发与应用。

（2）注重多媒体教学资源库、多媒体教学课件和多媒体仿真软件等现代化教学资源的开发与利用，努力实现跨学校多媒体资源的共享，以提高课程资源的利用率。

（3）积极开发和利用网络课程资源，充分利用电子书籍、电子期刊、数字图书馆、教育网站和电子论坛等网络信息资源。

（4）充分利用学校的实训设施设备，将教学与实训合一，满足学生综合职业能力培养的需要。

# "广告摄影"课程标准

**课程名称：**广告摄影

**课程代码：**120305411

**学时：**34　**学分：**2　**理论学时：**12　**实训学时：**22　**考核方式：**随堂作业

**先修课程：**素描、色彩、速写、构成原理

**适用专业：**服装与服饰设计专业

**开课院系：**上海东海职业技术学院服装与服饰设计专业教研室

**教材：**《摄影基础》（钟学军、张芸芸编著，北京工艺美术出版社，2009 年）

**主要参考书：**[1] 薛志军、张朋 . 摄影摄像基础 . 青岛：中国海洋大学出版社，2018.

　　　　　　　[2] 张帆，郭浩 . 摄影基础 . 青岛：中国海洋大学出版社，2019.

　　　　　　　[3] 厉新 . 商业广告创意摄影教程 . 上海：上海人民美术出版社，2015.

## 1 课程性质及设计思路

### 1.1 课程性质

"广告摄影"是服装与服饰设计专业的一门专业能力必修课程。本课程针对专业方向的需要，通过理论教学、实践操作和创作设计，学生能了解服饰广告与理论知识，学会服饰广告与摄影的设计、操作的流程方法。着重学习服饰广告与摄影中的摄影的基本原理和相机的使用。通过对一些优秀服饰广告设计与摄影案例的介绍及动手实践，提高学生审美鉴赏能力，提高服饰广告设计与摄影构思及创作的能力。

### 1.2 设计思路

本课程的总体设计思路是，在课堂教学中先向学生讲授广告摄影的基本知识，同时通过技能培养并重的方法（例如案例实训、教师示范、学生实践），培养学生能使用广告摄影的表现方法进行设计创意。结合服装图案与服装设计的相关原理，安排课程内容循序渐进、由简到难，将理论与实践技能相结合，使学生能用所学广告摄影知识进行专题摄影等，以直观形象表达出来。

课程内容的选取，根据广告摄影的特点进行归纳与分析，紧紧围绕广告摄影的构思及操作要点，同时充分考虑本专业高职生对相关理论知识的理解层次，融入相应的理论知识。

课程内容组成，以广告摄影的操作方法为线索设计，包含广告摄影概述、照相机的种类和使用、感光胶卷的种类和使用、摄影曝光与用光、摄影附件的使用、摄影构图与表现方法、专题摄影7 个工作任务。

本课程建议为 34 课时。

## 2 课程目标

### 2.1 能力目标

通过本课程的学习，学生能够具有广告摄影的能力，掌握广告摄影的操作方法，充分掌握广告摄影的基本技能。

### 2.2 知识目标

了解广告摄影的基本知识；熟悉广告摄影的基本原理、要点及技巧；了解广告摄影的各类形式，

并以多样性的手法表现广告摄影的具体过程。

### 2.3 素质目标

（1）具有热爱本职工作、爱岗敬业、乐于奉献的精神；

（2）具有进行服饰广告设计与摄影的基本能力；

（3）形成对广告摄影作品检查与评价、解决问题的分析判断能力；

（4）具有团结协作精神。

## 3　课程内容与要求

**表 1 课程内容与要求**

| 任务序号 | 教学任务 | 活动内容 | 活动要求 | 活动设计建议 / 实训技能要点 | 参考课时 |
|---|---|---|---|---|---|
| 任务一 | 广告摄影概述 | 1. 摄影的诞生。<br>2. 摄影的发展。<br>3. 摄影的功能。<br>4. 摄影的分类。<br>5. 广告的分类。<br>6. 广告摄影的媒介形式。<br>7. 广告摄影的创意。 | 1. 了解摄影史，懂得摄影基本知识。<br>2. 懂得选购并准备摄影器材。<br>3. 了解广告的分类。<br>4. 了解广告摄影的媒介形式。<br>5. 理解广告摄影的创意。 | 1. 通过多媒体课件展示课程内容及作品。<br>2. 师生讨论与评价。<br>3. 通过多媒体课件展示优秀案例。<br>实践项目：<br>进行网上查阅或市场调查，了解并选购摄影器材。 | 4 |
| 任务二 | 照相机的种类与使用 | 1. 胶片相机的分类。<br>2. 数码相机的分类。<br>3. 两种相机的使用方法。<br>4. 相机的保养与维护。 | 1. 懂得传统相机与数码相机的差异。<br>2. 能操作使用相机，掌握部件名称功能。 | 1. 在摄影实训室中以小组合作形式进行分组体验。<br>2. 学生互评，教师点评。<br>实践项目：<br>1. 相机的使用方法。<br>2. 相机的构造及其功能。 | 4 |
| 任务三 | 感光胶卷的种类和使用 | 1. 胶卷的种类。<br>2. 胶卷的构造。<br>3. 胶卷的特征。<br>4. 胶卷的使用。 | 1. 熟悉几种胶卷的特性与用途。<br>2. 比较其色调、影调的差异。<br>3. 熟练掌握感光胶卷的使用方式。<br>4. 更进一步地深入了解黑白与彩色负片之间的色调、影调差异。 | 1. 在摄影实训室中以小组合作形式进行分组体验。<br>2. 学生互评，教师点评。<br>实践项目：<br>分别用黑白负片和彩色负片拍摄同一组景物，并比较其色彩、影调差异。 | 4 |

表1（续）

| 任务序号 | 教学任务 | 活动内容 | 活动要求 | 活动设计建议/实训技能要点 | 参考课时 |
|---|---|---|---|---|---|
| 任务四 | 摄影曝光与用光 | 1.摄影曝光原理。<br>2.摄影曝光效果。<br>3.摄影的光型。<br>4.摄影的光效。<br>5.人造光与自然光的区别。 | 1.懂得正确曝光和光线塑造形象的重要性。<br>2.掌握几种用光技巧。<br>3.熟练掌握摄影曝光和用光。<br>4.通过实践更好掌握用光技巧。 | 1.在摄影实训室中以小组合作形式进行分组体验。<br>2.学生互评，教师点评。<br>实践项目：<br>1.人造光拍摄实践。<br>2.自然光拍摄实践。 | 4 |
| 任务五 | 摄影附件的使用 | 1.闪光灯的种类与使用。<br>2.测光表的种类与使用。<br>3.滤色镜的种类与使用。 | 1.了解三种工具的功能与使用方法。<br>2.熟练掌握操作以上三种工具。<br>3.熟练掌握运用摄影附件工具。 | 1.在摄影实训室中以小组合作形式进行分组体验。<br>2.学生互评，教师点评。<br>实践项目：<br>1.用独立闪光灯和影室闪光灯拍摄练习。<br>2.用三种测光方法练习人造光和自然光拍摄并比较。<br>3.分别用基本滤色镜拍一组照片。 | 4 |
| 任务六 | 摄影构图与表现方法 | 1.摄影构图原理。<br>2.摄影构图的形式与内容。<br>3.构图的基本要素。<br>4.摄影画面的责成与角度选择。 | 1.理解摄影构图的几种表现方法。<br>2.掌握摄影构图的基本法则，突出创意与个性。<br>3.熟练掌握摄影的构图方式。 | 1.在摄影实训室中以小组合作形式进行分组体验。<br>2.学生互评，教师点评。<br>实践活动：<br>1.运用摄影构图知识拍摄一组照片。<br>2.用不同角度拍摄一组照片并进行比较与分析。 | 4 |
| 任务七 | 专题摄影 | 1.人物摄影。<br>2.风光摄影。<br>3.花卉摄影。<br>4.舞台摄影。<br>5.静物摄影。<br>6.夜景摄影。<br>7.时装摄影。<br>8.家具摄影。<br>9.首饰摄影。<br>10.产品摄影。 | 1.懂得不同题材的拍摄及不同的表现技法。<br>2.初步掌握以上题材的拍摄方法。<br>3.了解并掌握各类不同题材的拍摄表现手法。 | 1.自行选择内外景，以小组合作形式进行分组体验。<br>2.学生互评，教师点评。<br>实践活动：<br>任意选择其中的5个专题拍摄一组照片。 | 10 |

## 4 教学建议

在组织"广告摄影"课程教学时，应以立足于培养学生的岗位职业能力，结合服饰广告设计与摄影的要求，创作出符合实际需求的可行性设计与摄影作品。

### 4.1 教学实施建议

（1）在教学过程中，应立足于加强学生实际操作能力的培养，采用任务引领、项目教学的方法，提高学生的学习兴趣，激发学生的成就感。

（2）在教学过程中，有机结合教师示范和学生分组操作训练、学生提问和教师解答，通过"教"与"学"的师生互动，学生能熟悉掌握广告摄影的基本技能，学会服饰广告设计与摄影的表现方法。

（3）在教学过程中，要创设工作情境，紧密结合本专业方向课程的要求，加强操作训练，使学生掌握广告摄影的要求，提高学生的动手和创新能力。

（4）在教学过程中，要充分运用实物、图片、多媒体等教学手段来直观演示教学内容。

（5）在教学过程中，要及时关注广告摄影课程方面的新的发展趋势，为学生提供后续课程的发展空间，为努力培养学生的职业能力和创新精神打下良好的基础。

### 4.2 教学评价建议

（1）以学习目标为评价标准，采用阶段评价、目标评价、理论与实践一体化的评价模式。

（2）关注评价的多元化，结合课堂提问、学生作业、平时测验、实验实训、技能竞赛及考试情况，综合评定学生成绩。

（3）应注重对学生的动手能力和在实践中分析、解决问题能力的考核，对在广告摄影课程学习和应用上有创新的学生应给予特别鼓励，综合评价学生的能力。

### 4.3 教材编写建议

（1）依据本课程标准编写教材，且教材应充分体现任务引领、实践导向的课程设计思想。

（2）以"工作任务"为主线来设计教材，结合职业技能鉴定要求，以岗位需要为原则来确定教学内容，根据完成专业教学任务的需要来组织教材内容。

（3）教材应体现通用性、实用性、先进性，要反映本专业的新技术、新知识，教学活动的选择和设计要科学、具体、可操作。

（4）教材文字表述要精练、准确，内容呈现应做到图文并茂，力求易学、易懂。

### 4.4 资源开发利用建议

（1）注重实训室、课堂配套练习题和实训教材的开发与应用。

（2）注重多媒体教学资源库、多媒体教学课件和多媒体仿真软件等现代化教学资源的开发与利用，努力实现跨学校多媒体资源的共享，以提高课程资源的利用率。

（3）积极开发和利用网络课程资源，充分利用电子书籍、电子期刊、数字图书馆、教育网站和电子论坛等网络信息资源。

（4）充分利用学校的实训设施设备，将教学与实训合一，满足学生综合职业能力培养的需要。

# "服饰配件设计" 课程标准

**课程名称：** 服饰配件设计

**课程代码：** 120305491

**学时：** 34　**学分：** 2　**理论学时：** 12　**实训学时：** 22　**考核方式：** 随堂作业

**先修课程：** 素描、色彩、速写、构成原理

**适用专业：** 服装与服饰设计专业

**开课院系：** 上海东海职业技术学院服装与服饰设计专业教研室

**教材：** 《服饰配件设计制作》（张祖芳等编著，学林技术出版社，2019 年）

**主要参考书：** [1] 邵献伟 . 服饰配件设计与应用 . 北京：中国纺织出版社，2012.

[2] 张祖芳，等 . 北京：化学工业出版社，2014.

[3] 孙荪 . 时尚盘饰 . 上海：上海科学技术出版社，2002.

## 1 课程性质及设计思路

### 1.1 课程性质

"服饰配件设计"是服装与服饰设计专业的一门专业能力必修课程。本课程针对专业方向的需要，通过理论教学、实践操作和创作设计，使学生能了解服饰配件设计的理论知识，学会服饰配件的设计、制作的流程方法；着重学习服饰配件中的包袋与帽子的设计制作。通过对一些优秀服饰配件设计案例的介绍及动手实践，提高学生审美鉴赏能力，提高服饰配件设计构思及创作的能力。

### 1.2 设计思路

本课程的总体设计思路是，在课堂教学中先向学生讲授服饰配件设计的基本知识，同时通过技能培养并重的方法（例如案例实训、教师示范、学生实践），培养学生能使用服饰配件的表现方法进行服饰配件设计创意。结合服装图案与服装设计的相关原理，安排课程内容循序渐进、由简到难，将理论与实践技能相结合，使学生能用所学服饰配件设计知识进行包袋及帽子设计等，以直观形象表达出来。

课程内容的选取，根据服饰配件设计的特点进行归纳与分析，紧紧围绕服饰配件设计的构思及制作要点，同时充分考虑本专业高职生对相关理论知识的理解层次，融入相应的理论知识。

课程内容组成，以服饰配件的设计创作及制作工艺为线索设计，包含服饰配件基础知识、包袋设计制作、帽子设计制作 3 个工作任务。

本课程建议为 34 课时。

## 2 课程目标

### 2.1 能力目标

通过本课程的学习，学生能够具有服饰配件设计的能力、服饰配件制作的能力，充分掌握服饰配件设计的基本技能。

### 2.2 知识目标

了解服饰配件设计的基本知识；熟悉服饰配件设计的形态构成及制作要点及技巧；了解服饰配件设计构成的各类形式，并以多样性的手法表现服饰配件设计的具体过程。

### 2.3 素质目标

（1）具有热爱本职工作、爱岗敬业、乐于奉献的精神；

（2）具有进行服饰配件设计的基本能力；

（3）形成对服饰配件设计作品检查与评价、解决问题的分析判断能力；

（4）具有团结协作精神。

## 3 课程内容与要求

表 1 课程内容与要求

| 任务序号 | 教学任务 | 活动内容 | 活动要求 | 活动设计建议 /<br>实训技能要点 | 参考课时 |
|---|---|---|---|---|---|
| 任务一 | 服饰配件基础知识 | 1. 服装配饰的基本定义。<br>2. 服饰配件的种类。<br>3. 古代服装配饰的种类。 | 1. 能根据展示服饰配件图片进行理解和分析。<br>2. 掌握服饰配件的设计要素。<br>3. 对比古代和现代服装配饰的异同。<br>4. 掌握服饰配件的构成规律。 | 1. 以多媒体课件展示服饰配件设计作品。<br>2. 师生讨论与评价。<br>3. 以多媒体课件展示服饰配件制作方法。<br>4. 以多媒体课件展示优秀案例。 | 4 |
| 任务二 | 包袋设计制作 | 1. 包袋鉴赏。<br>2. 休闲风格手工包袋的设计。<br>3. 休闲风格手工包袋的制作。<br>4. 时尚包袋的设计。<br>5. 时尚包袋的制作。 | 1. 了解不同风格的包袋的造型与设计方法。<br>2. 学会休闲风格包袋设计与制作的流程及方法。<br>3. 学会时尚包袋设计与制作的流程及方法。 | 1. 在服装实训室中以小组合作形式进行分组体验。<br>2. 师生共同评价、分析。<br>3. 收集不同风格的包袋设计方案，并分组展示。<br>4. 进行市场调研，观察与感受包袋的外观设计。<br>5. 分组讨论、归纳、总结。<br>6. 运用准备好的相关材料与工具制作包袋。<br>7. 学生互评，教师点评。 | 16 |
| 任务三 | 帽子设计制作 | 1. 帽子鉴赏。<br>2. 运动风格帽子的设计。<br>3. 运动风格帽子的制作。<br>4. 时尚风格帽子的设计。<br>5. 时尚风格帽子的制作。 | 1. 了解不同风格的帽子的造型与设计方法。<br>2. 学会运动风格帽子设计与制作的流程及方法。<br>3. 学会时尚风格帽子设计与制作的流程及方法。 | 1. 以多媒体课件展示帽子种类。<br>2. 教师设计相应选样方案的训练。<br>3. 收集不同风格的帽子设计方案，并分组展示。<br>4. 进行市场调研，观察与感受帽子的外观设计。<br>5. 分组讨论、归纳、总结。<br>6. 自行拟定主题，制作一个帽子。 | 14 |

## 4 教学建议

在组织"服饰配件设计"课程教学时，应以立足于培养学生的岗位职业能力，结合服饰配件设计的要求，做出适合实际需求的可行性设计。

### 4.1 教学实施建议

（1）在教学过程中，应立足于加强学生实际操作能力的培养，采用任务引领、项目教学的方法，提高学生的学习兴趣，激发学生的成就感。

（2）在教学过程中，有机结合教师示范和学生分组操作训练、学生提问和教师解答，通过"教"与"学"的师生互动，学生能熟悉掌握服饰配件设计的基本技能，学会服饰配件设计的表现方法。

（3）在教学过程中，要创设工作情境，紧密结合本专业方向课程的要求，加强操作训练，使学生掌握服饰配件设计的要求，提高学生的动手和创新能力。

（4）在教学过程中，要充分运用实物、图片、多媒体等教学手段来直观演示教学内容。

（5）在教学过程中，要及时关注服饰配件设计课程方面的新的发展趋势，为学生提供后续课程的发展空间，为努力培养学生的职业能力和创新精神打下良好的基础。

### 4.2 教学评价建议

（1）以学习目标为评价标准，采用阶段评价、目标评价、理论与实践一体化的评价模式。

（2）关注评价的多元化，结合课堂提问、学生作业、平时测验、实验实训、技能竞赛及考试情况，综合评定学生成绩。

（3）应注重对学生的动手能力和在实践中分析、解决问题能力的考核，对在服饰配件设计课程学习和应用上有创新的学生应给予特别鼓励，综合评价学生的能力。

### 4.3 教材编写建议

（1）依据本课程标准编写教材，且教材应充分体现任务引领、实践导向的课程设计思想。

（2）以"工作任务"为主线来设计教材，结合职业技能鉴定要求，以岗位需要为原则来确定教学内容，根据完成专业教学任务的需要来组织教材内容。

（3）教材应体现通用性、实用性、先进性，要反映本专业的新技术、新知识，教学活动的选择和设计要科学、具体、可操作。

（4）教材文字表述要精练、准确，内容呈现应做到图文并茂，力求易学、易懂。

### 4.4 资源开发利用建议

（1）注重实训室、课堂配套练习题和实训教材的开发与应用。

（2）注重多媒体教学资源库、多媒体教学课件和多媒体仿真软件等现代化教学资源的开发与利用，努力实现跨学校多媒体资源的共享，以提高课程资源的利用率。

（3）积极开发和利用网络课程资源，充分利用电子书籍、电子期刊、数字图书馆、教育网站和电子论坛等网络信息资源。

（4）充分利用学校的实训设施设备，将教学与实训合一，满足学生综合职业能力培养的需要。

# "成衣设计实训（1）"课程标准

**课程名称：**成衣设计实训（1）

**课程代码：**120301344

**学时：**34　**学分：**2　**理论学时：**17　**实训学时：**17　**考核方式：**随堂作业

**先修课程：**服装画技法、服装款式设计

**适用专业：**服装与服饰设计专业

**开课院系：**上海东海职业技术学院服装与服饰设计专业教研室

**教材：**《服装专业毕业设计指导》（叶红、范凯熹编著，学林出版社，2016年）

**主要参考书：**[1] 丰蔚．成衣设计项目教学．北京：中国水利水电出版社，2010.

　　　　　　　[2] 潘璠．手绘服装款式设计与表现1288例．北京：中国纺织出版社，2016.

　　　　　　　[3] 孙琰．服装款式设计技法速成．北京：化学工业出版社，2015.

　　　　　　　[4] 田秋实．服装款式设计与表现．北京：中国轻工业出版社，2015.

## 1 课程性质及设计思路

### 1.1 课程性质

　　"成衣设计实训（1）"是服装与服饰设计专业的一门专业实训必修课程。本课程体现理论与实践一体化的教学思想，突出以能力为本位、以应用为目的的职业教育特色。本课程通过市场调研，提取成衣设计的工作任务，并围绕以设计任务为主的成衣款式设计、成衣结构设计、成衣工艺设计的工作流程，将调研、设计、结构、工艺及发布等形成一个连贯的工作环节链。通过案例解析工作要点、学习设计实践技能，以确保学生形成相对较为完整的服装设计与制作的综合能力。本课程标准适用于成衣设计的工作任务的前期，后期则由"成衣设计实训（2）"完成。

### 1.2 设计思路

　　本课程的总体设计思路是，坚持"做中学、做中教"，积极探索理论和实践相结合的教学模式，通过任务引领和调研、款式设计等项目活动，引导学生通过学习过程的体验，提高学习兴趣，激发学习动力，让学生能了解成衣品牌调研的要求和方法、灵感版的制作方法、成衣款式设计的要求和特点，掌握绘制服装效果图和款式图的技能技巧。在组织课堂教学时，应以立足于培养学生成衣设计的综合能力，用各种方式激励学生学习。建议用项目教学法进行教学。

　　课程内容的选取，从成衣款式、结构、工艺设计的具体过程展开实践活动，紧紧围绕各项工作任务的要点，提升成衣设计的综合能力；同时充分考虑本专业高职生对相关理论知识的理解层次，融入相应的理论知识，为学生今后从事服装设计方面的工作打下重要的基础。

　　课程内容组成，以各项工作任务为线索设计，包含成衣设计概述、成衣品牌调研、成衣款式设计、成衣效果图绘制、成衣款式图绘制及成衣照片制作6个工作任务。

　　本课程建议为34课时。

## 2 课程目标

### 2.1 能力目标

通过本课程的学习，学生能够运用成衣设计的基本原理进行成衣款式设计、结构设计、工艺设计，

掌握成衣设计的基本理论及技能。

## 2.2 知识目标

了解成衣设计的各项工作任务的流程、操作方法及步骤，各项任务之间的联系、区别及变化特点。

## 2.3 素质目标

（1）具有热爱本职工作、爱岗敬业、乐于奉献的精神；

（2）具有进行成衣设计的综合能力；

（3）培养学生积极思考、勇于探索的精神；

（4）具有团结协作精神。

## 3　课程内容与要求

**表 1 课程内容与要求**

| 任务序号 | 教学任务 | 活动内容 | 活动要求 | 活动设计建议 / 实训技能要点 | 参考课时 |
|---|---|---|---|---|---|
| 任务一 | 成衣设计概述 | 1. 服装成衣设计的概念。<br>2. 服装成衣设计的特点和要求。<br>3. 成衣设计项目。<br>4. 成衣市场概况。 | 1. 理解服成衣设计的概念。<br>2. 认识成衣设计的特点和要求。<br>3. 明确成衣设计项目。<br>4. 分析成衣市场概况。 | 1. 收集与分析成衣品牌服装的资料。<br>2. 教师带领学生到企业参观设计工作室，加强学生对企业服装生产的了解。 | 4 |
| 任务二 | 成衣品牌调研 | 1. 服装品牌发展历程。<br>2. 服装品牌的定位。<br>3. 服装品牌的风格。<br>4. 服装设计灵感来源。 | 1. 了解服装品牌的发展历程。<br>2. 了解服装品牌的定位。<br>3. 了解服装品牌的风格。<br>4. 学会服装设计灵感来源的提取。 | 1. 教师带领学生进行市场调研。<br>2. 了解当前男女装的流行趋势。<br>3. 学生分组采集面料小样。<br>实践项目：<br>1. 每位学生各自选择 1 个服装品牌进行调研，内容包括品牌的发展历程、定位、风格及其灵感来源。<br>2. 灵感版的制作。 | 6 |
| 任务三 | 成衣款式设计 | 1. 服装款式设计的要求。<br>2. 职业装款式设计的特点。<br>3. 通勤装款式设计的特点。<br>4. 礼服款式设计的特点。<br>5. 小礼服款式设计的特点。<br>6. 其他类别服装款式设计的特点。 | 1. 了解服装款式设计的要求。<br>2. 理解各品类服装款式设计的特点。<br>3. 进行服装款式设计构思和表现方法的实践。 | 1. 建议通过丰富多彩的范例图片引起学生的兴趣。<br>2. 收集成衣款式设计的资料。<br>3. 了解成衣款式设计特点、要求。<br>4. 教师采用整体教学和分组教学相结合，进行分析、讲解、示范、修改。<br>实践项目：<br>1. 每位学生各自设计 3 个系列成衣的款式（草图）。<br>2. 教师与学生讨论确定 2 个系列成衣的款式。 | 6 |

表1（续）

| 任务序号 | 教学任务 | 活动内容 | 活动要求 | 活动设计建议／实训技能要点 | 参考课时 |
|---|---|---|---|---|---|
| 任务四 | 成衣效果图绘制 | 1.服装效果图的绘制要求。<br>2.各品类服装效果图绘制的特点。<br>3.各品类服装效果图绘制的方法。 | 1.了解服装效果图的绘制要求。<br>2.学生着重明确自选服装品类的效果图绘制的特点。<br>3.学生着重明确自选服装品类的效果图绘制的方法。 | 1.建议通过丰富多彩的范例图片引起学生的兴趣。<br>2.收集成衣效果图的资料。<br>3.了解成衣效果图绘制的要求。<br>4.教师采用整体教学和分组教学相结合，进行分析、讲解、示范、修改。<br>实践项目：<br>1.每位学生根据设计的款式草图绘制2个系列成衣效果图。<br>2.教师与学生讨论并调整、修改成衣效果图。 | 6 |
| 任务五 | 成衣款式图绘制 | 1.服装款式图的绘制要求。<br>2.各品类服装款式图绘制的特点。<br>3.各品类服装款式图绘制的方法。 | 1.了解服装款式图的绘制要求。<br>2.学生着重明确自选服装品类的款式图绘制的特点。<br>3.学生着重明确自选服装品类的款式图绘制的方法。 | 1.建议通过丰富多彩的范例图片引起学生的兴趣。<br>2.收集成衣款式图的资料。<br>3.了解成衣款式图绘制的要求。<br>4.教师采用整体教学和分组教学相结合，进行分析、讲解、示范、修改。<br>实践项目：<br>1.每位学生根据绘制完成的成衣效果图进行相应的款式图绘制。<br>2.教师与学生讨论并调整、修改成衣款式图。 | 6 |
| 任务六 | 成衣照片制作要求与方法 | 1.成衣照片拍摄要求。<br>2.各品类成衣照片拍摄的特点。<br>3.各品类成衣照片的后期处理方法。 | 1.了解成衣照片的拍摄要求。<br>2.学生着重明确自选成衣照片拍摄的特点。<br>3.学生着重明确自选成衣照片的后期处理方法。 | 1.收集成衣照片的资料。<br>2.了解成衣照片拍摄的要求。<br>3.教师采用整体教学和分组教学相结合，进行分析、讲解、示范、修改。<br>实践项目：<br>1.每位学生选择现成的成衣进行拍摄尝试。<br>2.教师与学生讨论并调整、修改成衣照片。 | 6 |

## 4 教学建议

在组织"成衣设计实训（1）"课程教学时，应立足于加强学生实际操作能力的培养，采用理论讲授法、项目教学法，结合学生分组训练、教师讲评等方式，提高学生的学习兴趣。

### 4.1 教学实施建议

（1）在教学过程中，应立足于加强学生实际操作能力的培养，采用任务引领、项目教学的方法，提高学生的学习兴趣，激发学生的成就感。

（2）在教学过程中，有机结合教师示范和学生分组操作训练、学生提问和教师解答，通过"教"与"学"的师生互动，学生能熟悉掌握成衣设计的应用技能，学会成衣设计方法。

（3）在教学过程中，要创设工作情境，紧密结合本专业方向课程的要求，加强操作训练，使学生掌握成衣设计的基本原理和构成方法，提高学生的动手和创新能力。

（4）在教学过程中，要充分运用实物、图片、多媒体等教学手段来直观演示教学内容。

（5）在教学过程中，要及时关注成衣设计实训课程方面的新的发展趋势，为学生提供后续课程的发展空间，为努力培养学生的职业能力和创新精神打下良好的基础。

### 4.2 教学评价建议

（1）以学习目标为评价标准，采用阶段评价、目标评价、理论与实践一体化的评价模式。

（2）关注评价的多元化，结合课堂提问、学生作业、平时测验、实验实训、技能竞赛及考试情况，综合评定学生成绩。

（3）应注重对学生的动手能力和在实践中分析、解决问题能力的考核，对在成衣设计实训课程学习和应用上有创新的学生应给予特别鼓励，综合评价学生的能力。

### 4.3 教材编写建议

（1）依据本课程标准编写教材，且教材应充分体现任务引领、实践导向的课程设计思想。

（2）以"工作任务"为主线来设计教材，结合职业技能鉴定要求，以岗位需要为原则来确定教学内容，根据完成专业教学任务的需要来组织教材内容。

（3）教材应体现通用性、实用性、先进性，要反映本专业的新技术、新知识，教学活动的选择和设计要科学、具体、可操作。

（4）教材文字表述要精练、准确，内容呈现应做到图文并茂，力求易学、易懂。

### 4.4 资源开发利用建议

（1）注重实训室、课堂配套练习题和实训教材的开发与应用。

（2）注重多媒体教学资源库、多媒体教学课件和多媒体仿真软件等现代化教学资源的开发与利用，努力实现跨学校多媒体资源的共享，以提高课程资源的利用率。

（3）积极开发和利用网络课程资源，充分利用电子书籍、电子期刊、数字图书馆、教育网站和电子论坛等网络信息资源。

（4）充分利用学校的实训设施设备，将教学与实训合一，满足学生综合职业能力培养的需要。

# "成衣设计实训（2）"课程标准

**课程名称：** 成衣设计实训（2）

**课程代码：** 120301345

**学时：** 68　**学分：** 4　　**理论学时：** 34　　**实训学时：** 34　　**考核方式：** 随堂作业

**先修课程：** 服装款式设计、服装结构设计基础、女装结构设计、女装缝制工艺

**适用专业：** 服装与服饰设计专业

**开课院系：** 上海东海职业技术学院服装与服饰设计专业教研室

**教材：** 《服装专业毕业设计指导》（叶红、范凯熹编著，学林出版社，2016年）

**主要参考书：** [1] 徐雅琴、惠洁. 女装结构细节解析. 上海：东华大学出版社，2010.

[2] 徐雅琴，马跃进. 服装制图与样板制作（第4版）. 北京：中国纺织出版社，2018.

[3] 孙兆全. 成衣纸样与服装缝制工艺（第2版）. 北京：中国纺织出版社，2010.

[4] 朱奕，肖平. 服装成衣制作工艺. 青岛：中国海洋大学出版社，2019.

## 1 课程性质及设计思路

### 1.1 课程性质

"成衣设计实训（2）"是服装与服饰设计专业的一门专业实训必修课程。本课程体现理论与实践一体化的教学思想，突出以能力为本位、以应用为目的的职业教育特色。本课程通过市场调研，提取成衣设计的工作任务，并围绕以设计任务为主的成衣款式设计、成衣结构设计、成衣工艺设计的工作流程，将调研、设计、结构、工艺及发布等形成一个连贯的工作环节链。通过案例解析工作要点、学习设计实践技能，以确保学生形成相对较为完整的服装设计与制作的综合能力。本课程标准适用于成衣设计的工作任务的后期，前期则由"成衣设计实训（1）"完成。

### 1.2 设计思路

本课程的总体设计思路是，坚持"做中学、做中教"，积极探索理论和实践相结合的教学模式，通过任务引领和结构设计、工艺设计等项目活动，引导学生通过学习过程的体验，提高学习兴趣，激发学习动力，让学生能了解成衣结构设计的要求和方法、成衣样板的制作方法、成衣工艺设计的要求和特点，掌握绘制服装结构图和样板制作的技能技巧。在组织课堂教学时，应以立足于培养学生成衣设计的综合能力，用各种方式激励学生学习。建议用项目教学法进行教学。

课程内容的选取，从成衣款式、结构、工艺设计的具体过程展开实践活动，紧紧围绕各项工作任务的要点，提升成衣设计的综合能力；同时充分考虑本专业高职生对相关理论知识的理解层次，融入相应的理论知识，为学生今后从事服装设计方面的工作打下重要的基础。

课程内容组成，以各项工作任务为线索设计，包含成衣结构设计、成衣样板制作、成衣坯样制作、成衣缝制工艺、成衣工艺单制作、成衣后期处理6个工作任务。

本课程建议为68课时。

## 2 课程目标

### 2.1 能力目标

通过本课程的学习，学生能够运用成衣设计的基本原理进行成衣款式设计、结构设计、工艺设计，掌握成衣设计的基本理论及技能。

## 2.2 知识目标

了解成衣设计的各项工作任务的流程、操作方法及步骤，各项任务之间的联系、区别及变化特点。

## 2.3 素质目标

（1）具有热爱本职工作、爱岗敬业、乐于奉献的精神；

（2）具有进行成衣设计的综合能力；

（3）培养学生积极思考、勇于探索的精神；

（4）具有团结协作精神。

# 3 课程内容与要求

表 1 课程内容与要求

| 任务序号 | 教学任务 | 活动内容 | 活动要求 | 活动设计建议 /实训技能要点 | 参考课时 |
|---|---|---|---|---|---|
| 任务一 | 成衣结构设计 | 1.了解成衣结构设计的表达方法。<br>2.了解成衣结构设计的基本要求。<br>3.了解绘制成衣结构图的要点。 | 1.理解成衣结构设计的基本原理。<br>2.掌握绘制成衣结构图的要点及技巧。 | 1.建议收集成衣结构设计的资料。<br>2.了解成衣结构设计特点、要求。<br>3.教师采用整体教学和分组教学相结合，进行分析、讲解、示范、修改。<br>实践项目：<br>1.每位学生根据前期课程已完成的款式设计内容进行规格设计及结构图制作。<br>2.教师与学生讨论、调整及修改结构图。 | 12 |
| 任务二 | 成衣样板制作 | 1.了解成衣样板制作的表达方法。<br>2.了解成衣样板制作的基本要求。<br>3.了解绘制成衣样板的要点。 | 1.理解成衣样板制作的基本原理<br>2.掌握绘制成衣样板的要点及技巧。 | 1.收集成衣样板制作的资料。<br>2.了解成衣样板制作特点、要求。<br>3.教师采用整体教学和分组教学相结合，进行分析、讲解、示范、修改。<br>实践项目：<br>1.每位学生根据前期课程已完成的结构设计内容进行样板制作。<br>2.教师与学生讨论、调整及修改成衣样板。 | 12 |
| 任务三 | 成衣坯样制作 | 1.了解成衣坯样制作的表达方法。<br>2.了解成衣坯样制作的基本要求。<br>3.了解坯样制作的要点。 | 1.理解坯样制作的基本原理。<br>2.掌握坯样制作的要点及技巧。 | 1.收集成衣坯样制作的资料。<br>2.了解成衣坯样制作特点、要求。<br>3.教师采用整体教学和分组教学相结合，进行分析、讲解、示范、修改。<br>实践项目：<br>1.每位学生根据前期课程已完成的样板制作内容进行坯样制作。<br>2.教师与学生讨论、调整及修改坯样，并同步相应修改样板。 | 12 |

表1（续）

| 任务序号 | 教学任务 | 活动内容 | 活动要求 | 活动设计建议/实训技能要点 | 参考课时 |
|---|---|---|---|---|---|
| 任务四 | 成衣缝制工艺 | 1. 了解成衣缝制工艺的表达方法。 2. 了解成衣缝制工艺的基本要求。 3. 了解成衣缝制工艺的要点。 | 1. 理解成衣缝制工艺的基本原理。 2. 掌握成衣缝制工艺的要点及技巧。 | 1. 收集成衣缝制工艺的资料。 2. 了解成衣缝制工艺特点、要求。 3. 教师采用整体教学和分组教学相结合，进行分析、讲解、示范、修改。 实践项目： 1. 每位学生根据前期课程已完成的坯样及修改后的样板内容进行成衣的缝制工艺。 2. 教师与学生讨论、调整及修改坯样。 | 20 |
| 任务五 | 成衣工艺单制作 | 1. 了解成衣工艺单制作的表达方法。 2. 了解成衣工艺单制作的基本要求。 3. 了解成衣工艺单制作的要点。 | 1. 理解成衣工艺单制作的基本原理。 2. 掌握成衣工艺单制作的要点及技巧。 | 1. 收集成衣工艺单制作的资料。 2. 了解成衣工艺单制作特点、要求。 3. 教师采用整体教学和分组教学相结合，进行分析、讲解、示范、修改。 实践项目： 1. 每位学生根据前期课程已完成的成衣缝制工艺进行工艺单的制作。 2. 教师与学生讨论、调整及修改成衣工艺单。 | 4 |
| 任务六 | 成衣后期处理 | 1. 按已完成的成衣调整、修改效果图。 2. 按已完成的成衣调整、修改款式图。 3. 按已完成的成衣拍摄及后期处理照片。 4. 整理所有资料并制作PPT。 | 1. 对照成衣检查效果图、款式图，并完成需调整和修改的部位。 2. 按前期课程对成衣照片拍摄及后期处理的方法及要求，完成成衣照片的制作。 3. 按要求整理所有资料上交。 | 教师采用整体教学和分组教学相结合，进行分析、讲解、示范、修改。 实践项目： 1. 每位学生根据前期课程已完成的所有资料进行调整、修改并补充。 2. 教师检查、点评学生上交的所有资料。 | 8 |

## 4 教学建议

在组织"成衣设计实训（2）"课程教学时，应立足于加强学生实际操作能力的培养，采用理论讲授法、项目教学法，结合学生分组训练、教师讲评等方式，提高学生的学习兴趣。

### 4.1 教学实施建议

（1）在教学过程中，应立足于加强学生实际操作能力的培养，采用任务引领、项目教学的方法，提高学生的学习兴趣，激发学生的成就感。

（2）在教学过程中，有机结合教师示范和学生分组操作训练、学生提问和教师解答，通过"教"与"学"的师生互动，学生能熟悉掌握成衣设计的应用技能，学会成衣设计方法。

（3）在教学过程中，要创设工作情境，紧密结合本专业方向课程的要求，加强操作训练，使学生

掌握成衣设计的基本原理和构成方法，提高学生的动手和创新能力。

（4）在教学过程中，要充分运用实物、图片、多媒体等教学手段来直观演示教学内容。

（5）在教学过程中，要及时关注成衣设计实训课程方面的新的发展趋势，为学生提供后续课程的发展空间，为努力培养学生的职业能力和创新精神打下良好的基础。

### 4.2 教学评价建议

（1）以学习目标为评价标准，采用阶段评价、目标评价、理论与实践一体化的评价模式。

（2）关注评价的多元化，结合课堂提问、学生作业、平时测验、实验实训、技能竞赛及考试情况，综合评定学生成绩。

（3）应注重对学生的动手能力和在实践中分析、解决问题能力的考核，对在成衣设计实训课程学习和应用上有创新的学生应给予特别鼓励，综合评价学生的能力。

### 4.3 教材编写建议

（1）依据本课程标准编写教材，且教材应充分体现任务引领、实践导向的课程设计思想。

（2）以"工作任务"为主线来设计教材，结合职业技能鉴定要求，以岗位需要为原则来确定教学内容，根据完成专业教学任务的需要来组织教材内容。

（3）教材应体现通用性、实用性、先进性，要反映本专业的新技术、新知识，教学活动的选择和设计要科学、具体、可操作。

（4）教材文字表述要精练、准确，内容呈现应做到图文并茂，力求易学、易懂。

### 4.4 资源开发利用建议

（1）注重实训室、课堂配套练习题和实训教材的开发与应用。

（2）注重多媒体教学资源库、多媒体教学课件和多媒体仿真软件等现代化教学资源的开发与利用，努力实现跨学校多媒体资源的共享，以提高课程资源的利用率。

（3）积极开发和利用网络课程资源，充分利用电子书籍、电子期刊、数字图书馆、教育网站和电子论坛等网络信息资源。

（4）充分利用学校的实训设施设备，将教学与实训合一，满足学生综合职业能力培养的需要。

# "服装 CAD 工业制板"课程标准

**课程名称：**服装 CAD 工业制板

**课程代码：**120305401

**学时：**68　**学分：**4　**理论学时：**34　**实训学时：**34　**考核方式：**随堂作业

**先修课程：**服装款式设计、服装结构设计基础、女装结构设计、女装缝制工艺

**适用专业：**服装与服饰设计专业

**开课院系：**上海东海职业技术学院服装与服饰设计专业教研室

**教材：**《服装 CAD 应用教程》（张龙琳编著，学林出版社，2016 年）

**主要参考书：**[1] 陈建伟. 服装 CAD 应用教程. 北京：中国纺织出版社，2008.

[2] 徐雅琴，马跃进. 服装制图与样板制作（第 4 版）. 北京：中国纺织出版社，2018.

## 1 课程性质及设计思路

### 1.1 课程性质

"服装 CAD 工业制板"是服装与服饰设计专业的一门专业实训必修课程。本课程体现理论与实践一体化的教学思想，突出以能力为本位、以应用为目的的职业教育特色。本课程通过讲解服装 CAD 工业制板的基础知识，提取服装 CAD 工业制板的工作任务，并围绕以项目任务为主的服装 CAD 制板、服装 CAD 推档、服装 CAD 排料及服装 CAD 文件管理的工作流程，将制板、推档、排料及文件管理等形成一个连贯的运用服装 CAD 的工作环节链。通过案例解析工作要点、学习服装 CAD 工业制板实践技能，以确保学生形成相对较为完整的服装 CAD 工业制板的综合能力。

### 1.2 设计思路

本课程的总体设计思路是，坚持"做中学、做中教"，积极探索理论和实践相结合的教学模式，通过任务引领和制板、推档、排料等项目活动，引导学生通过学习过程的体验，提高学习兴趣，激发学习动力，让学生能了解服装 CAD 工业制板的要求和特点，掌握运用服装 CAD 绘制服装结构图、服装制板图、服装排料图及文件管理的技能技巧。在组织课堂教学时，应以立足于培养学生对服装 CAD 工业制板的综合能力，用各种方式激励学生学习。建议用项目教学法进行教学。

课程内容的选取，运用服装 CAD 展开制板、推档、排料等实践活动，紧紧围绕各项工作任务的要点，提升学生对服装 CAD 运用的综合能力；同时充分考虑本专业高职生对相关理论知识的理解层次，融入相应的理论知识，为学生今后从事服装设计方面的工作打下重要的基础。

课程内容组成，以各项工作任务为线索设计，包含服装 CAD 基础、服装 CAD 制板、服装 CAD 推档、服装 CAD 排料、服装 CAD 文件管理 6 个工作任务。

本课程建议为 68 课时。

## 2 课程目标

### 2.1 能力目标

通过本课程的学习，学生能够运用服装 CAD 工业制板的基本原理，掌握服装 CAD 制板、服装 CAD 推档、服装 CAD 排料、服装 CAD 文件管理的基本技能。

## 2.2 知识目标

了解服装CAD工业制板的各项工作任务的流程、操作方法及步骤，各项任务之间的联系、区别及变化特点。

## 2.3 素质目标

（1）具有热爱本职工作、爱岗敬业、乐于奉献的精神；

（2）具有进行服装CAD工业制板的综合能力；

（3）培养学生积极思考、勇于探索的精神；

（4）具有团结协作精神。

## 3 课程内容与要求

表1 课程内容与要求

| 任务序号 | 教学任务 | 活动内容 | 活动要求 | 活动设计建议/实训技能要点 | 参考课时 |
|---|---|---|---|---|---|
| 任务一 | 服装CAD基础 | 1.了解服装CAD在企业中的应用。<br>2.了解服装CAD的发展趋势。<br>3.服装CAD产品的分类。<br>3.服装CAD界面的认识。 | 1.理解服装CAD在服装企业中应用的实际意义。<br>2.了解服装CAD发展趋势。<br>3.了解服装产品类别。<br>4.熟悉服装CAD界面的设置。 | 1.建议收集服装CAD工业制板的资料。<br>2.了解服装CAD工业制板的特点、要求。<br>3.教师采用整体教学和分组教学相结合，进行分析、讲解、示范、修改。<br>实践项目：<br>1.每位学生根据前期课程已完成的款式设计内容进行规格设计及结构图制作。<br>2.教师与学生讨论、调整及修改结构图。 | 6 |
| 任务二 | 服装CAD制板 | 1.设置规格表。<br>2.选择款式大类。<br>3.选择首档母板、板型、模板。<br>4.正确输入规格表。<br>5.首档西裤制板。<br>6.首档衬衫制板。<br>7.首档女上衣制板。<br>8.首档男西装制板。<br>9.净板与毛板制作。 | 1.熟悉服装CAD工具在服装制板上运用的方法。<br>2.学会综合使用服装CAD工具，进行服装制板的操作。 | 教师采用整体教学和分组教学相结合，进行分析、讲解、示范、修改。<br>实训项目：<br>1.绘制首档女衬衫的母板，即M规格样板，制作结构图。<br>2.绘制首档男西装的母板，即175cm规格。 | 24 |
| 任务三 | 服装CAD推档 | 1.正确读取样片。<br>2.手动放码。<br>3.自动放码。<br>4.存盘。 | 1.熟悉服装CAD工具在服装推档上的运用方法。<br>2.学会综合使用服装CAD工具，做出推档图。 | 教师采用整体教学和分组教学相结合，进行分析、讲解、示范、修改。<br>实训项目：<br>1.绘制首档女衬衫的母板，即M规格样板，S、L规格样板按自动推档方式制作。<br>2.绘制首档男西装的母板，即175cm规格，170cm、180cm规格按手动推档方式制作。 | 20 |

表1（续）

| 任务序号 | 教学任务 | 活动内容 | 活动要求 | 活动设计建议/实训技能要点 | 参考课时 |
|---|---|---|---|---|---|
| 任务四 | 服装CAD排料 | 1. 编制排料单管理。<br>2. 手工排料。<br>3. 自动排料。<br>4. 半自动排料。<br>5. 按1:1的比例输出排料图。<br>6. 缩小输出排料方案。<br>7. 计算面辅料利用率。<br>8. 用料定额。 | 1. 熟悉服装CAD工具在服装排料上运用的方法。<br>2. 学会综合使用服装CAD工具，作出排料图。 | 教师采用整体教学和分组教学相结合，进行分析、讲解、示范、修改。<br>实训项目：<br>1. 对同一款式不同规格的衣片进行自动排料。<br>2. 对不同款式的衣片进行手动排料。 | PO |
| 任务五 | 服装CAD文件管理 | 1. 绘制工艺表、工艺图。<br>2. 制订生产工艺说明书。<br>3. 已有款式样板、规格表添加或减少。<br>4. 进行资料备份、保存。 | 1. 熟悉服装CAD工具在服装文件管理上运用的方法。<br>2. 学会综合使用服装CAD工具，进行文件管理。 | 教师采用整体教学和分组教学相结合，进行分析、讲解、示范、修改。<br>实训项目：<br>选择某种产品，绘制不规则的工艺表格、工艺图，填写该产品选用何种面料及成份、各种裁剪说明书、缝制工艺操作单、熨烫要求等。 | W |

## 4 教学建议

在组织"服装CAD工业制板"课程教学时，应立足于加强学生实际操作能力的培养，采用理论讲授法、项目教学法，结合学生分组训练、教师讲评等方式，提高学生的学习兴趣。

### 4.1 教学实施建议

（1）在教学过程中，应立足于加强学生实际操作能力的培养，采用任务引领、项目教学的方法，提高学生的学习兴趣，激发学生的成就感。

（2）在教学过程中，有机结合教师示范和学生分组操作训练、学生提问和教师解答，通过"教"与"学"的师生互动，学生能熟悉掌握服装CAD工业制板的应用技能，学会服装CAD的操作方法。

（3）在教学过程中，要创设工作情境，紧密结合本专业方向课程的要求，加强操作训练，使学生掌握服装CAD工业制板的基本原理和构成方法，提高学生的动手和创新能力。

（4）在教学过程中，要充分运用实物、图片、多媒体等教学手段来直观演示教学内容。

（5）在教学过程中，要及时关注服装CAD工业制板课程方面的新的发展趋势，为学生提供后续课程的发展空间，为努力培养学生的职业能力和创新精神打下良好的基础。

### 4.2 教学评价建议

（1）以学习目标为评价标准，采用阶段评价、目标评价、理论与实践一体化的评价模式。

（2）关注评价的多元化，结合课堂提问、学生作业、平时测验、实验实训、技能竞赛及考试情况，综合评定学生成绩。

（3）应注重对学生的动手能力和在实践中分析、解决问题能力的考核，对在服装CAD工业制板课程学习和应用上有创新的学生应给予特别鼓励，综合评价学生的能力。

### 4.3 教材编写建议

（1）依据本课程标准编写教材，且教材应充分体现任务引领、实践导向的课程设计思想。

（2）以"工作任务"为主线来设计教材，结合职业技能鉴定要求，以岗位需要为原则来确定教学内容，根据完成专业教学任务的需要来组织教材内容。

（3）教材应体现通用性、实用性、先进性，要反映本专业的新技术、新知识，教学活动的选择和设计要科学、具体、可操作。

（4）教材文字表述要精练、准确，内容呈现应做到图文并茂，力求易学、易懂。

### 4.4 资源开发利用建议

（1）注重实训室、课堂配套练习题和实训教材的开发与应用。

（2）注重多媒体教学资源库、多媒体教学课件和多媒体仿真软件等现代化教学资源的开发与利用，努力实现跨学校多媒体资源的共享，以提高课程资源的利用率。

（3）积极开发和利用网络课程资源，充分利用电子书籍、电子期刊、数字图书馆、教育网站和电子论坛等网络信息资源。

（4）充分利用学校的实训设施设备，将教学与实训合一，满足学生综合职业能力培养的需要。

# "职业技能综合实训（1）"课程标准

**课程名称：**职业技能综合实训（1）

**课程代码：**120305421

**学时：**51　**学分：**3　**理论学时：**25　**实训学时：**26　**考核方式：**随堂作业

**先修课程：**服装款式设计、服装结构设计基础、女装结构设计、女装缝制工艺

**适用专业：**服装与服饰设计专业

**开课院系：**上海东海职业技术学院服装与服饰设计专业教研室

**教材：**《服装立体裁剪》（张祖芳等编著，中国海洋大学出版社，2018 年）

**主要参考书：**[1] 魏静 . 立体裁剪与制板实训 . 北京：高等教育出版社，2014.

　　　　　　　[2] 刘咏梅 . 服装立体裁剪—基础篇 . 上海：东华大学出版社，2009.

　　　　　　　[3] 人力资源与社会保障部教材办公室 . 服装工艺师（中级）. 北京：中国劳动社会
保障出版社，2012.

## 1 课程性质及设计思路

### 1.1 课程性质

"职业技能综合实训（1）"是服装与服饰设计专业的一门专业实训必修课程。本课程体现理论与实践一体化的教学思想，突出以能力为本位、以应用为目的的职业教育特色。本课程根据服装制板师（四级）考核内容，在前期立体造型设计课程的基础上，围绕以考核要求为主的立体造型设计模块的内容，针对具体款式，强化立体造型设计的操作步骤和方法的训练。通过相关案例解析考核要点，学习立体造型设计实践技能，提升学生服装立体造型设计的操作技能。

### 1.2 设计思路

本课程的总体设计思路是，坚持"做中学、做中教"，积极探索理论和实践相结合的教学模式，通过任务引领和款式图审读、立体造型设计等项目活动，引导学生通过学习过程的体验，提高学习兴趣，激发学习动力，让学生能了解服装制板师（四级）立体造型设计模块的要求和方法，掌握服装制板师（四级）立体造型设计模块操作的技能技巧。在组织课堂教学时，应以立足于培养学生立体造型设计的综合能力，用各种方式激励学生学习。建议用项目教学法进行教学。

课程内容的选取，以款式的审读、布料的取样、造型的整理及布样缝制等具体过程展开实践活动，紧紧围绕各项工作任务的要点，提升立体造型设计的综合能力；同时充分考虑本专业高职生对相关理论知识的理解层次，融入相应的理论知识，为学生今后从事服装与服饰设计方面的工作打下重要的基础。

课程内容组成，以各项工作任务为线索设计，包含服装款式图绘制、立体造型设计准备、立体造型设计制作、立体造型设计展示 4 个工作任务。

本课程建议为 51 课时。

## 2 课程目标

### 2.1 能力目标

通过本课程的学习，学生能够运用立体造型设计的基本原理进行款式图绘制、布料取样、造型整理及布样缝制，掌握立体造型设计的基本理论及技能。

## 2.2 知识目标

了解立体造型设计的各项工作任务的流程、操作方法及步骤，以及各项任务之间的联系、区别及变化特点。

## 2.3 素质目标

（1）具有热爱本职工作、爱岗敬业、乐于奉献的精神；
（2）具有进行立体造型设计的综合能力；
（3）培养学生积极思考、勇于探索的精神；
（4）具有团结协作精神。

## 3 课程内容与要求

表 1 课程内容与要求

| 任务序号 | 教学任务 | 活动内容 | 活动要求 | 活动设计建议 / 实训技能要点 | 参考课时 |
|---|---|---|---|---|---|
| 任务一 | 服装款式图绘制 | 1. 服装款式图的表达方法。<br>2. 服装款式图绘制的基本要求。<br>3. 绘制服装款式图的要点。<br>4. 服装款式的共性与个性的表现特点。 | 1. 理解服装款式图的表达方法。<br>2. 了解服装款式图绘制的基本要求。<br>3. 掌握绘制服装款式图的要点。<br>4. 分析服装款式的共性与个性的表现特点。 | 用多媒体课件展示立体裁剪款式图并解析其特点。<br>实训项目：<br>根据考题分析款式的共性与个性的表现，进行归纳、总结。 | 4 |
| 任务二 | 立体造型设计准备 | 1. 审读服装款式图。<br>2. 假手臂制作。<br>3. 标出人台结构线。<br>4. 坯布选择和整理。 | 1. 学会审读服装效果图及款式图等技术文件的方法。<br>2. 学会假手臂的制作方法。<br>3. 掌握人台结构线的标示方法。<br>4. 学会坯布的选择和整理。 | 教师采用整体教学和分组教学相结合，进行分析、讲解、示范、修改。<br>实训项目：<br>1. 根据教师随机派发的效果图，学生绘制服装平面款式图并设计背面图。<br>2. 找出人台的基准线，并根据不同款式标识造型线。<br>3. 制作假手臂。<br>4. 对坯布丝缕进行归正，识别丝缕的方向。 | 8 |

表1（续）

| 任务序号 | 教学任务 | 活动内容 | 活动要求 | 活动设计建议 /实训技能要点 | 参考课时 |
|---|---|---|---|---|---|
| 任务三 | 立体造型设计制作 | 1.各种定位针法。<br>2.用坯布进行立体造型设计的操作。<br>3.上衣原型及变化款立体造型设计的操作方法。<br>4.裙装原型及变化款立体造型设计的操作方法。<br>5.衣袖、衣领原型及变化款立体造型设计的操作方法。<br>6.假缝试样的操作方法。 | 1.掌握各种定位针法的要点和技巧。<br>2.掌握用坯布进行立体造型设计操作的要点和技巧。<br>3.掌握上衣原型及变化款立体造型设计的操作方法。<br>4.掌握裙装原型及变化款立体造型设计的操作方法。<br>5.掌握衣袖、衣领原型及变化款立体造型设计的操作方法。 | 教师采用整体教学和分组教学相结合，进行分析、讲解、示范、修改。<br>实训项目：<br>1.在坯布上根据不同部位练习各种定位针法。<br>2.用坯布进行上衣和裙子原型的操作。<br>3.自主选择5～10款进行假缝试样。 | 24 |
| 任务四 | 立体造型设计展示 | 1.坯布样衣缝制。<br>2.用人台展示坯布样衣。<br>3.立体造型设计样衣弊病的修正方法。<br>4.整理样衣、拷贝样板。<br>5.使用与保养人台等立体造型设计工具的要求与方法。 | 1.掌握样衣缝制的方法。<br>2.学会立体造型设计样衣弊病的修正方法。<br>3.熟悉样衣拷贝成样板的方法。<br>4.学会使用与保养人台等立体造型设计工具。 | 教师采用整体教学和分组教学相结合，进行分析、讲解、示范、修改。<br>实训项目：<br>1.自主选择3～6款进行缝制。<br>2.选择某款进行整理并拷贝完整样板。<br>3.用人台展示样衣并修正弊病。 | 15 |

## 4 教学建议

在组织"职业技能综合实训（1）"课程教学时，应立足于加强学生实际操作能力的培养，采用理论讲授法、项目教学法，结合学生分组训练、教师讲评等方式，提高学生的学习兴趣。

### 4.1 教学实施建议

（1）在教学过程中，应立足于加强学生实际操作能力的培养，采用任务引领、项目教学的方法，提高学生的学习兴趣，激发学生的成就感。

（2）在教学过程中，有机结合教师示范和学生分组操作训练、学生提问和教师解答，通过"教"与"学"的师生互动，学生能熟悉掌握立体造型设计的应用技能，学会立体造型设计操作方法。

（3）在教学过程中，要创设工作情境，紧密结合本专业方向课程的要求，加强操作训练，使学生掌握立体造型设计的基本原理和构成方法，提高学生的动手和创新能力。

（4）在教学过程中，要充分运用实物、图片、多媒体等教学手段来直观演示教学内容。

（5）在教学过程中，要及时关注职业技能综合实训课程方面的新的发展趋势，为学生提供后续课程的发展空间，为努力培养学生的职业能力和创新精神打下良好的基础。

### 4.2 教学评价建议

（1）以学习目标为评价标准，采用阶段评价、目标评价、理论与实践一体化的评价模式。

（2）关注评价的多元化，结合课堂提问、学生作业、平时测验、实验实训、技能竞赛及考试情况，综合评定学生成绩。

（3）应注重对学生的动手能力和在实践中分析、解决问题能力的考核，对在职业技能综合实训课程学习和应用上有创新的学生应给予特别鼓励，综合评价学生的能力。

### 4.3 教材编写建议

（1）依据本课程标准编写教材，且教材应充分体现任务引领、实践导向的课程设计思想。

（2）以"工作任务"为主线来设计教材，结合职业技能鉴定要求，以岗位需要为原则来确定教学内容，根据完成专业教学任务的需要来组织教材内容。

（3）教材应体现通用性、实用性、先进性，要反映本专业的新技术、新知识，教学活动的选择和设计要科学、具体、可操作。

（4）教材文字表述要精练、准确，内容呈现应做到图文并茂，力求易学、易懂。

### 4.4 资源开发利用建议

（1）注重实训室、课堂配套练习题和实训教材的开发与应用。

（2）注重多媒体教学资源库、多媒体教学课件和多媒体仿真软件等现代化教学资源的开发与利用，努力实现跨学校多媒体资源的共享，以提高课程资源的利用率。

（3）积极开发和利用网络课程资源，充分利用电子书籍、电子期刊、数字图书馆、教育网站和电子论坛等网络信息资源。

（4）充分利用学校的实训设施设备，将教学与实训合一，满足学生综合职业能力培养的需要。

# "职业技能综合实训（2）"课程标准

**课程名称：**职业技能综合实训（2）

**课程代码：**120305422

**学时：**51　**学分：**3　**理论学时：**25　**实训学时：**26　**考核方式：**随堂作业

**先修课程：**服装款式设计、服装结构设计基础、女装结构设计、女装缝制工艺

**适用专业：**服装与服饰设计专业

**开课院系：**上海东海职业技术学院服装与服饰设计专业教研室

**教材：**《服装工艺师（中级）》（人力资源与社会保障部教材办公室编著，中国劳动社会保障出版社，2012 年）

**主要参考书：**[1] 徐雅琴等. 服装制板与推版细节解析. 北京：化学工业出版社，2010.

　　　　　　　[2] 徐雅琴，马跃进. 服装制图与样板制作（第 4 版）. 北京：中国纺织出版社，2018.

## 1 课程性质及设计思路

### 1.1 课程性质

"职业技能综合实训（2）"是服装与服饰设计专业的一门专业实训必修课程。本课程体现理论与实践一体化的教学思想，突出以能力为本位、以应用为目的的职业教育特色。本课程根据服装制板师（四级）考核内容，在前期结构设计课程的基础上，围绕以考核要求为主的平面结构设计模块的内容，针对具体款式，强化平面结构设计的操作步骤和方法的训练。通过相关案例解析考核要点，学习平面结构设计实践技能，提升学生对服装平面结构设计的操作技能。

### 1.2 设计思路

本课程的总体设计思路是，坚持"做中学、做中教"，积极探索理论和实践相结合的教学模式，通过任务引领和款式审读、结构设计、样板制作及工艺缝制等项目活动，引导学生通过学习过程的体验，提高学习兴趣，激发学习动力，让学生能了解服装制板师（四级）平面结构设计模块的要求和方法，掌握服装制板师（四级）平面结构设计模块操作的技能技巧。在组织课堂教学时，应以立足于培养学生的平面结构设计的综合能力，用各种方式激励学生学习。建议用项目教学法进行教学。

课程内容的选取，以款式的审读、结构设计、样板制作及工艺缝制等具体过程展开实践活动，紧紧围绕各项工作任务的要点，提升学生的平面结构设计的综合能力；同时充分考虑本专业高职生对相关理论知识的理解层次，融入相应的理论知识，为学生今后从事服装与服饰设计方面的工作打下重要的基础。

课程内容组成，以各项工作任务为线索设计，包含服装款式图审读、平面结构设计准备、平面结构设计制作、平面结构设计展示 4 个工作任务。

本课程建议为 51 课时。

## 2 课程目标

### 2.1 能力目标

通过本课程的学习，学生能够运用平面结构设计的基本原理进行款式图审读、结构图制作、样板制作、样板推档及样衣缝制，掌握平面结构设计的基本理论及技能。

## 2.2 知识目标

了解平面结构设计的各项工作任务的流程、操作方法及步骤，以及各项任务之间的联系、区别及变化特点。

## 2.3 素质目标

（1）具有热爱本职工作、爱岗敬业、乐于奉献的精神；

（2）具有进行平面结构设计的综合能力；

（3）培养学生积极思考、勇于探索的精神；

（4）具有团结协作精神。

## 3 课程内容与要求

表 1 课程内容与要求

| 任务序号 | 教学任务 | 活动内容 | 活动要求 | 活动设计建议 / 实训技能要点 | 参考课时 |
|---|---|---|---|---|---|
| 任务一 | 服装款式图审读 | 1. 服装款式图的表达方法。<br>2. 服装款式图审读的基本要求。<br>3. 服装款式共性和个性表现的要点。 | 1. 理解服装款式图的表达方法。<br>2. 了解服装款式图审读的基本要求。<br>3. 掌握服装款式共性和个性表现的要点。 | 用多媒体课件展示平面裁剪款式图并解析其特点。<br>实训项目：<br>根据考题分析款式的共性与个性的表现，进行归纳、总结。 | 2 |
| 任务二 | 平面结构设计准备 | 1. 款式图等技术文件的正确方法。<br>2. 前口袋制作方法。<br>3. 坯布选择和整理。 | 1. 学会审读款式图等技术文件的方法。<br>2. 学会前口袋的制作方法。<br>3. 学会坯布的选择和整理。 | 教师采用整体教学和分组教学相结合，进行分析、讲解、示范、修改。<br>实训项目：<br>1. 根据教师随机派发的效果图，学生绘制服装平面款式图并设计背面图。<br>2. 制作前口袋。<br>3. 对坯布丝缕进行归正，识别丝缕的方向。 | 4 |
| 任务三 | 平面结构设计制作 | 1. 结构图制作要求和方法。<br>2. 样板制作要求和方法。<br>3. 样板推档要求和方法。<br>4. 排料、裁剪及粘衬要求和方法。 | 1. 掌握结构图制作的方法。<br>2. 掌握样板制作的要点和技巧。<br>3. 掌握样板推档要点和技巧。<br>4. 掌握排料、裁剪及粘衬的要点和技巧。 | 教师采用整体教学和分组教学相结合，进行分析、讲解、示范、修改。<br>实训项目：<br>1. 自主选择5～10款进行结构图制作。<br>2. 自主选择5～7款进行样板制作。<br>3. 自主选择3～5款进行推档制作。 | 25 |
| 任务四 | 平面结构设计展示 | 1. 坯布样衣缝制。<br>2. 人台展示坯布样衣。<br>3. 平裁样衣弊病修正的方法。<br>4. 样衣整理。<br>5. 使用与保养平面裁剪工具的要求与方法。 | 1. 掌握样衣缝制的方法。<br>2. 学会平裁样衣弊病修正的方法。<br>3. 熟悉样衣整理的方法。<br>4. 学会使用与保养平面裁剪工具。 | 教师采用整体教学和分组教学相结合，进行分析、讲解、示范、修改。<br>实训项目：<br>1. 自主选择3～7款进行缝制。<br>2. 人台展示样衣并修正弊病。 | 20 |

## 4　教学建议

在组织"职业技能综合实训（2）"课程教学时，应立足于加强学生实际操作能力的培养，采用理论讲授法、项目教学法，结合学生分组训练、教师讲评等方式，提高学生的学习兴趣。

### 4.1　教学实施建议

（1）在教学过程中，应立足于加强学生实际操作能力的培养，采用任务引领、项目教学的方法，提高学生的学习兴趣，激发学生的成就感。

（2）在教学过程中，有机结合教师示范和学生分组操作训练、学生提问和教师解答，通过"教"与"学"的师生互动，学生能熟悉掌握平面结构设计的应用技能，学会平面裁剪操作方法。

（3）在教学过程中，要创设工作情境，紧密结合本专业方向课程的要求，加强操作训练，使学生掌握平面结构设计的基本原理和构成方法，提高学生的动手和创新能力。

（4）在教学过程中，要充分运用实物、图片、多媒体等教学手段来直观演示教学内容。

（5）在教学过程中，要及时关注职业技能综合实训课程方面的新的发展趋势，为学生提供后续课程的发展空间，为努力培养学生的职业能力和创新精神打下良好的基础。

### 4.2　教学评价建议

（1）以学习目标为评价标准，采用阶段评价、目标评价、理论与实践一体化的评价模式。

（2）关注评价的多元化，结合课堂提问、学生作业、平时测验、实验实训、技能竞赛及考试情况，综合评定学生成绩。

（3）应注重对学生的动手能力和在实践中分析、解决问题能力的考核，对在职业技能综合实训课程学习和应用上有创新的学生应给予特别鼓励，综合评价学生的能力。

### 4.3　教材编写建议

（1）依据本课程标准编写教材，且教材应充分体现任务引领、实践导向的课程设计思想。

（2）以"工作任务"为主线来设计教材，结合职业技能鉴定要求，以岗位需要为原则来确定教学内容，根据完成专业教学任务的需要来组织教材内容。

（3）教材应体现通用性、实用性、先进性，要反映本专业的新技术、新知识，教学活动的选择和设计要科学、具体、可操作。

（4）教材文字表述要精练、准确，内容呈现应做到图文并茂，力求易学、易懂。

### 4.4　资源开发利用建议

（1）注重实训室、课堂配套练习题和实训教材的开发与应用。

（2）注重多媒体教学资源库、多媒体教学课件和多媒体仿真软件等现代化教学资源的开发与利用，努力实现跨学校多媒体资源的共享，以提高课程资源的利用率。

（3）积极开发和利用网络课程资源，充分利用电子书籍、电子期刊、数字图书馆、教育网站和电子论坛等网络信息资源。

（4）充分利用学校的实训设施设备，将教学与实训合一，满足学生综合职业能力培养的需要。

# "毕业设计及毕业实习"课程标准

**课程名称**：毕业设计及毕业实习

**课程代码**：120305232

**学时**：236+485　　**学分**：14+17　　**理论学时**：0　　**实训学时**：236+485　　**考核方式**：作品及报告

**先修课程**：服装款式设计、服装结构设计、服装缝制工艺、成衣设计实践

**适用专业**：服装与服饰设计专业

**开课院系**：上海东海职业技术学院服装与服饰设计专业教研室

**教材**：《服装与服饰设计专业·毕业设计手册制作及毕业实习报告撰写要求》（自编教材，2019年）

**主要参考书**：[1] 郭琦. 手绘服装款式设计1000例. 上海：东华大学出版社，2013.

　　　　　　　[2] 徐雅琴，马跃进. 服装制图与样板制作（第4版）. 北京：中国纺织出版社，2018.

　　　　　　　[3] 孙兆全. 成衣纸样与服装缝制工艺（第2版）. 北京：中国纺织出版社，2010.

　　　　　　　[4] 叶红，范凯熹. 服装专业毕业设计指导. 上海：学林出版社，2016.

## 1 课程性质及设计思路

### 1.1 课程性质

"毕业设计及毕业实习"是服装与服饰设计专业的一门专业实训必修课程。本课程体现理论与实践一体化的教学思想，突出以能力为本位、以应用为目的的职业教育特色。本课程是整个高职阶段最后的教学环节，是对教学成效的全面检验，是实现教学与社会实践相结合的重要节点；培养学生综合运用所学服装理论知识和技能，具有解决实际问题的能力，按质按量完成毕业设计及毕业实习，对提升学生的综合素质、全面的知识结构和专业技能具有重要的意义。

### 1.2 设计思路

本课程的总体设计思路是，坚持"做中学、做中教"，积极探索理论和实践相结合的教学模式，通过任务引领和毕业设计及毕业实习等项目活动，引导学生通过学习过程的体验，提高学习兴趣，激发学习动力，让学生能了解毕业设计及毕业实习的具体内容和要求。在组织毕业设计及毕业实习实践时，应以立足于培养学生解决过程中具体问题的综合能力，用各种方式激励学生学习。建议用项目教学法进行教学。

课程内容的选取，以毕业设计及毕业实习等具体过程展开实践活动，紧紧围绕各项工作任务的要点，提升学生的综合能力；同时，充分考虑本专业高职生对相关理论知识的理解层次，融入相应的理论知识，为学生今后从事服装与服饰设计方面的工作打下重要的基础。

课程内容组成，以各项工作任务为线索设计，包含品牌调研分析、服装款式设计、服装结构设计、服装工艺设计、毕业设计手册制作、毕业设计总结、毕业答辩、企业实践8个工作任务。

本课程建议为236+485课时。

## 2 课程目标

### 2.1 能力目标

通过本课程的学习，学生能够运用所学的基本理论和技能，具有独立工作、开发创造能力，兼顾所学知识与技能的巩固、应用和拓展，提高学生独立分析与解决实际问题的能力。

## 2.2 知识目标

了解毕业设计及毕业实习各项工作任务的流程、操作方法及步骤，以及各项任务之间的联系、区别及变化特点。

## 2.3 素质目标

（1）具有热爱本职工作、爱岗敬业、乐于奉献的精神；

（2）具有进行毕业设计及毕业实习的综合能力；

（3）培养学生积极思考、勇于探索的精神；

（4）具有团结协作精神。

## 3 课程内容与要求

表 1 课程内容与要求

| 任务序号 | 教学 | 活动内容 | 活动要求 | 活动设计建议 / 实训技能要点 | 参考课时 |
|---|---|---|---|---|---|
| 任务一 | 品牌调研分析 | 1.服装品牌的设计理念及定位。<br>2.品牌服装的风格特点。<br>3.服装品牌的销售状况。<br>4.调研报告的撰写要求。 | 1.了解服装品牌的设计理念、定位、风格特点及销售状况。<br>2.调研报告要求图文并茂，分析到位、数据翔实。<br>3.调研报告应能体现服装设计的灵感来源。 | 教师采用整体教学和分组教学相结合，进行分析、讲解、示范、修改。<br>实训项目：<br>1.了解并收集品牌服装的相关第一手资料。<br>2.运用各种分析工具对资料作具体的梳理。<br>3.根据品牌服装的调研资料撰写调研分析报告。 | 20 |
| 任务二 | 服装款式设计 | 1.服装款式设计构思。<br>2.服装款式设计草图绘制。<br>3.服装款式设计确认。<br>4.服装效果图及款式图正稿。 | 1.款式设计稿应充分与导师沟通。<br>2.款式设计正稿应在成品完成后制作，要求与成品保持高度一致。 | 教师采用整体教学和分组教学相结合，进行分析、讲解、示范、修改。<br>实训项目：<br>1.绘制两个系列的设计稿（包括效果图与款式图）。<br>2.设计说明（50 字以上）。<br>3.每个系列由 3～5 款组成。 | 30 |
| 任务三 | 服装结构设计 | 1.服装结构设计运用方法的确定。<br>2.服装结构设计草图绘制。<br>3.服装结构设计图稿确认。<br>4.服装样板制作。<br>5.服装坯样制作。<br>6.服装生产工艺单制作。 | 1.结构设计稿应充分与导师沟通。<br>2.结构设计正稿要求与成品保持高度一致。<br>3.按结构设计正稿制作服装样板。<br>4.按服装样板制作坯样。<br>5.按坯样修改服装样板。<br>6.服装工艺单制作。 | 教师采用整体教学和分组教学相结合，进行分析、讲解、示范、修改。<br>实训项目：<br>1.绘制一个系列中需制作成品的 3 款服装的结构图。<br>2.绘制服装样板。<br>3.制作坯样。<br>4.按坯样修改样板。<br>5.绘制相应的服装生产工艺单。 | 56 |

表 1（续）

| 任务序号 | 教学 | 活动内容 | 活动要求 | 活动设计建议 /<br>实训技能要点 | 参考课时 |
|---|---|---|---|---|---|
| 任务四 | 服装工艺设计 | 1. 服装工艺设计运用方法的确定。<br>2. 服装工艺设计流程设计。<br>3. 服装工艺设计确认样。<br>4. 服装工艺设计具体操作。<br>5. 服装工艺设计成品确认。 | 1. 服装工艺设计过程应充分与导师沟通。<br>2. 服装工艺设计确认样应有修改过程。<br>3. 按服装样板正稿制作成品。 | 教师采用整体教学和分组教学相结合，进行分析、讲解、示范、修改。<br>实训项目：<br>1. 制作相应的正式服装成品。<br>2. 要求与设计稿保持一致，如有修改，应在设计稿的正稿作相应的修正。 | 60 |
| 任务五 | 毕业设计手册制作 | 1. 设计理念简述。<br>2. 品牌调研分析报告。<br>3. 服装效果图及款式图的体现。<br>4. 服装结构设计图的体现。<br>5. 服装样板制作的体现。<br>6. 服装生产工艺单的体现。<br>7. 服装工艺设计的体现（照片）。<br>8. 设计过程体现（照片及文字）。 | 1. 毕业设计手册的制作过程应充分与导师沟通。<br>2. 设计手册要求：A3纸横排；总页数不少于20张；统一彩色打印与装订（胶装，数量2本）；内页纸张要求为157克铜版纸（单面打印）；封面纸张要求为250克卡纸，覆亚膜。 | 教师采用整体教学和分组教学相结合，进行分析、讲解、示范、修改。<br>实训项目：<br>1. 服装款式设计图稿(A3纸横排)。<br>2. 服装结构设计图稿（1：5比例的结构图及样板构成图）。<br>3. 服装工艺设计成品照片。<br>4. 服装设计过程照片及文字。 | 30 |
| 任务六 | 毕业设计总结 | 1. 回顾与展望。<br>2. 毕业设计总结。 | 1. 回顾与展望部分应选取主干课程或竞赛作品。<br>2. 毕业设计总结应能反映毕业设计中的感悟、体会及发现问题和解决问题的过程。 | 教师采用整体教学和分组教学相结合，进行分析、讲解、示范、修改。<br>实训项目：<br>1. 回顾与展望应有3幅以上的作品。<br>2. 1000字左右的毕业设计总结。 | 20 |
| 任务七 | 毕业答辩 | 1. 毕业设计展板制作。<br>2. PPT制作。<br>3. 毕业答辩。 | 1. 展板应能清晰展现服装效果图、款式图及设计说明。<br>2. PPT要充分体现设计作品的各个方面。<br>3. 为毕业答辩应做好充分准备。 | 教师采用整体教学和分组教学相结合，进行分析、讲解、示范、修改。<br>实训项目：<br>1. 展板版面尺寸为90cm×120cm（1～2张），彩色打印在KT版上；展板主要展示毕业设计作品中的一个系列的服装效果图、款式图。答辩结束后，进行统一展示。<br>2. PPT要展现本次毕业设计作品的各个方面，突出展示设计作品的亮点。<br>3. 毕业答辩时间为每人10分钟，其中7分钟为个人陈述，3分钟为教师提问学生回答。 | 20 |

表1（续）

| 任务序号 | 教学 | 活动内容 | 活动要求 | 活动设计建议 / 实训技能要点 | 参考课时 |
|---|---|---|---|---|---|
| 任务八 | 企业实践 | 1. 毕业实习教育与实习安排。<br>2. 企业顶岗实习。<br>3. 毕业实习的开展与指导。 | 1. 了解毕业实习的任务要求和安排。<br>2. 保证足够的时间进入企业实习。<br>3. 校内教师和企业指导教师共同带教。 | 在校内与校外（企业技术人员）指导教师的共同指导下进行项目设计。<br>实习项目：<br>1. 在自行选择或教师推荐的一家企业（服装企业优先）里完成毕业实习。<br>2. 实习期间完成12篇以上周记。<br>3. 撰写实习报告。 | 485 |

## 4 教学建议

在组织"毕业设计及毕业实习"课程教学时，应立足于加强学生实际操作能力的培养，采用理论讲授法、项目教学法，结合学生分组训练、教师讲评、企业实践等方法，提高学生的学习兴趣。

### 4.1 教学实施建议

（1）在毕业设计期间，学生每周两次回校接受指导教师的辅导，其余时间可在实习的企业单位完成毕业设计任务，毕业设计任务完成的时间为第5学期的前10周。

（2）在毕业实习期间，学生分赴服装设计公司、服饰设计公司、服装个人设计工作室等相关企事业单位实习，把学到的专业知识运用到实际工作中去。掌握服装与服饰设计流程、材料设计、立体造型设计、工艺制作等相关知识，了解服装与服饰设计企业管理、经营方式等。

（3）在毕业设计及毕业实习过程中，紧密结合本专业方向课程的要求，加强企业实践，使学生理论联系实践，将课堂知识融入企业实践，提高学生的动手和创新能力。

（4）在毕业设计及毕业实习过程中，要充分发挥校内指导教师和校外带教教师的作用，督促学生按毕业设计及毕业实习的要求和进度完成任务。

### 4.2 教学评价建议

"毕业设计及毕业实习"课程学习评价实行全过程、全方位考核，全面评价学生的综合职业能力。实行形成性考核和终结性考核相结合，校内考核和校外考核相结合，书面考核和工作完成结果成绩评定相结合，教师检查和实习企业评定相结合，技术考核和综合素质考核相结合的评价体系。具体考核要求如下：

（1）考核时间及方式：每经过一段时间（2周或4周），由企业组织考核。经考核不合格的，由企业安排人员帮带，而后若仍不能通过考核合格，则将调岗位或淘汰。实习结束后，安排一定的时间与公司领导、有关管理人员及校内实习指导教师一起总结评比。

（2）毕业实习总结评比的内容及评分标准：实习态度（20%）、工作表现（10%）、企业方鉴定（20%）、实习周记（10%）、实习报告（40%），其标准为正确性、完整性、科学性及创见性等。

（3）毕业设计的评分标准：毕业设计手册（70%）、毕业答辩（20%）、出勤（10%）。

（4）评比的等级：优秀（90～100分）、良好（80～89分）、中等（70～79分）、及格（60～69分）、不及格（0～59分）.

（5）总结评比结果，作为学生的实习成绩记入学习档案。

（6）对擅离实习岗位及严重违反企业规定和有违法行为的学生或未参加毕业实习的学生，其实习成绩以不及格论处，不予毕业。须重新参加毕业实习方予毕业。

### 4.3 教材编写建议

（1）依据本课程标准编写教材，且教材应充分体现任务引领、实践导向的课程设计思想。

（2）以"工作任务"为主线来设计教材，结合职业技能鉴定要求，以岗位需要为原则来确定教学内容，根据完成专业教学任务的需要来组织教材内容。

（3）教材应体现通用性、实用性、先进性，要反映本专业的新技术、新知识，教学活动的选择和设计要科学、具体、可操作。

（4）教材文字表述要精练、准确，内容呈现应做到图文并茂，力求易学、易懂。

### 4.4 资源开发利用建议

（1）注重实训室、课堂配套练习题和实训教材的开发与应用。

（2）注重多媒体的教学资源库、教学课件和仿真软件等现代化教学资源的开发与利用，努力实现跨学校多媒体资源的共享，以提高课程资源的利用率。

（3）积极开发和利用网络课程资源，充分利用电子书籍、电子期刊、数字图书馆、教育网站和电子论坛等网络信息资源。

（4）充分利用学校的实训设施设备，将教学与实训合一，满足学生综合职业能力培养的需要。

## 附：实习报告的撰写要求

### 1. 实习报告的基本内容

毕业实习报告的撰写可分成三部分：

（1）实习的内容，包括实习单位、实习岗位、实习时间、实习内容、带教师傅等。

（2）实习的收获和体会，包括实践能力的锻炼和提高、专业知识的领会和深化、思想的触动和感受等。

（3）对实习单位及岗位工作未来的展望。学生可以结合专业知识和实习感受，对实习单位或实习岗位的未来提出改进或提升的设想。

实习报告应内容完整、字迹清晰、文理通畅。

### 2. 实习报告撰写要求

（1）毕业实习报告的主要内容是学生在实习单位实习的内容、收获和体会。报告中提出的问题可以是"先叙后议"，也可以是"夹叙夹议"。

（2）实习报告字数在 2000 字以上。

（3）毕业实习报告正文一级标题用加粗三号宋体，如有二级，标题用加粗四号宋体。正文为小四号宋体，单倍行距。题序一律用阿拉伯数字，加圆点隔开。题序标在左侧顶格位置，页码在每页下部居中。

（4）独立按时完成，不抄袭他人实习报告，不涉及实习单位明确的规定属于技术机密的内容。

### 其他说明：

（1）毕业设计完成时间为第 3 学期。

（2）毕业实习完成时间为第 4 学期。

**图书在版编目 (CIP) 数据**

服装与服饰设计专业中高职贯通人才培养方案与课程标准 /
徐雅琴，方闻主编 . -- 上海 ： 东华大学出版社，2022.3
  ISBN 978-7-5669-2040-9

Ⅰ . ①服… Ⅱ . ①徐… ②方… Ⅲ . ①职业教育－服装
设计－人才培养－培养模式－研究 Ⅳ . ① TS941.2

中国版本图书馆 CIP 数据核字 (2022) 第 042361 号

该书获上海市中高职教育贯通高水平专业建设项目
（服装与服饰设计专业）资助

责任编辑：谭　英
封面设计：鲍文萱

服装与服饰设计专业中高职贯通人才培养方案与课程标准

Fuzhuang yu Fushi Sheji Zhuanye Zhonggaozhi Guantong Rencai
Peiyang Fangan yu Kecheng Biaozhun

徐雅琴　方闻　主编

东华大学出版社出版

上海市延安西路 1882 号

邮政编码：200051 电话：（021）62193056

出版社官网　http://dhupress.dhu.edu.cn

出版社邮箱　dhupress@dhu.edu.cn

上海盛通时代印刷有限公司印刷

开本：787 mm×1092 mm　1/16　印张：11.5 字数：405 千字

2022 年 3 月第 1 版　2022 年 3 月第 1 次印刷

ISBN 978-7-5669-2040-9

定价：53.00 元